中国石油天然气集团公司统编培训教材

勘探开发业务分册

油气田地面建设
项目管理手册

《油气田地面建设项目管理手册》编委会 编

U0386316

石 油 工 业 出 版 社

内 容 提 要

　　本书主要介绍了油气田地面建设项目管理的理念。内容包括油气田地面建设项目管理的前期管理、组织管理、勘察设计管理、招标管理、合同管理、开工管理、HSE 管理、质量管理、工期管理、投资管理、资料和信息管理、完工交接及试运投产管理、竣工验收管理、项目后评价管理及优秀设计及优质工程评选等。

　　本书可作为油气田地面建设项目管理的工具书，也可作为油气田地面建设项目管理人员的培训教材。

图书在版编目（CIP）数据

油气田地面建设项目管理手册/《油气田地面建设项目管理手册》编委会编 . —北京：石油工业出版社，2017.2

中国石油天然气集团公司统编培训教材

ISBN 978-7-5183-1781-3

Ⅰ . 油…

Ⅱ . 油…

Ⅲ . 油气田 – 地面工程 – 工程项目管理 – 技术培训 – 教材

Ⅳ .TE4

中国版本图书馆 CIP 数据核字（2017）第 018234 号

出版发行：石油工业出版社
　　　　　（北京安定门外安华里 2 区 1 号　　100011 ）
　　　　　网　　址：www.petropub.com
　　　　　编辑部：（010）64251613
　　　　　图书营销中心：（010）64523633
经　　销：全国新华书店
印　　刷：北京中石油彩色印刷有限责任公司

2017 年 2 月第 1 版　　2017 年 2 月第 1 次印刷
710 × 1000 毫米　开本：1/16　印张：19.75
字数：350 千字

定价：70.00 元
（如出现印装质量问题，我社图书营销中心负责调换）

《油气田地面建设项目管理手册》
编 委 会

主　　编：汤　林　　胡玉涛

副 主 编：苗新康　　崔新村　　孙子杰

编写人员：陈述治　　孙子杰　　何守伟　　方西盛

　　　　　习　琦　　陈　磊　　胡　垚　　李易明

　　　　　宋养庆　　梁宝运　　肖　峰　　李仁科

　　　　　孙百通　　马士峰　　贺长河　　王宏红

　　　　　王　玮　　马健钧　　郭雪茹　　王乙福

　　　　　党建新　　刘忠和　　刘彩霞　　史鸿鹏

　　　　　盖晓鹏　　吕勇兵　　李秀锦　　李龙（长庆油田）

　　　　　刘国良　　雷江辉　　李　超　　李龙（西南油气田）

　　　　　殷建成　　王薛辉　　范启明　　谢　刚

　　　　　吕　宾　　王德君　　吴剑刚　　穆文巍

　　　　　刘世婕　　郑　强　　王月华　　蒋程彬

序

　　企业发展靠人才，人才发展靠培训。当前，集团公司正处在加快转变增长方式，调整产业结构，全面建设综合性国际能源公司的关键时期。做好"发展""转变""和谐"三件大事，更深更广参与全球竞争，实现全面协调可持续，特别是海外油气作业产量"半壁江山"的目标，人才是根本。培训工作作为影响集团公司人才发展水平和实力的重要因素，肩负着艰巨而繁重的战略任务和历史使命，面临着前所未有的发展机遇。健全和完善员工培训教材体系，是加强培训基础建设，推进培训战略性和国际化转型升级的重要举措，是提升公司人力资源开发整体能力的一项重要基础工作。

　　集团公司始终高度重视培训教材开发等人力资源开发基础建设工作，明确提出要"由专家制定大纲、按大纲选编教材、按教材开展培训"的目标和要求。2009年以来，由人事部牵头，各部门和专业分公司参与，在分析优化公司现有部分专业培训教材、职业资格培训教材和培训课件的基础上，经反复研究论证，形成了比较系统、科学的教材编审目录、方案和编写计划，全面启动了《中国石油天然气集团公司统编培训教材》（以下简称"统编培训教材"）的开发和编审工作。"统编培训教材"以国内外知名专家学者、集团公司两级专家、现场管理技术骨干等力量为主体，充分发挥地区公司、研究院所、培训机构的作用，瞄准世界前沿及集团公司技术发展的最新进展，突出现场应用和实际操作，精心组织编写，由集团公司"统编培训教材"编审委员会审定，集团公司统一出版和发行。

　　根据集团公司员工队伍专业构成及业务布局，"统编培训教材"按"综合管理类、专业技术类、操作技能类、国际业务类"四类组织编写。综合管理类侧重中高级综合管理岗位员工的培训，具有石油石化管理特色的教材，以自编方式为主，行业适用或社会通用教材，可从社会选购，作为指定培训教材；专业技术类侧重中高级专业技术岗位员工的培训，是教材编审的主体，按照《专业培训教材开发目录及编审规划》逐套编审，循序推进，计划编审300余门；操作技能类以国家制定的操作工种技能鉴定培训教材为基础，侧重主体专业（主要工种）骨干岗位的培训；国际业务类侧重海外项目中外员工的培训。

"统编培训教材"具有以下特点：

一是前瞻性。教材充分吸收各业务领域当前及今后一个时期世界前沿理论、先进技术和领先标准，以及集团公司技术发展的最新进展，并将其转化为员工培训的知识和技能要求，具有较强的前瞻性。

二是系统性。教材由"统编培训教材"编审委员会统一编制开发规划，统一确定专业目录，统一组织编写与审定，避免内容交叉重叠，具有较强的系统性、规范性和科学性。

三是实用性。教材内容侧重现场应用和实际操作，既有应用理论，又有实际案例和操作规程要求，具有较高的实用价值。

四是权威性。由集团公司总部组织各个领域的技术和管理权威，集中编写教材，体现了教材的权威性。

五是专业性。不仅教材的组织按照业务领域，根据专业目录进行开发，且教材的内容更加注重专业特色，强调各业务领域自身发展的特色技术、特色经验和做法，也是对公司各业务领域知识和经验的一次集中梳理，符合知识管理的要求和方向。

经过多方共同努力，集团公司"统编培训教材"已按计划陆续编审出版，与各企事业单位和广大员工见面了，将成为集团公司统一组织开发和编审的中高级管理、技术、技能骨干人员培训的基本教材。"统编培训教材"的出版发行，对于完善建立起与综合性国际能源公司形象和任务相适应的系列培训教材，推进集团公司培训的标准化、国际化建设，具有划时代意义。希望各企事业单位和广大石油员工用好、用活本套教材，为持续推进人才培训工程，激发员工创新活力和创造智慧，加快建设综合性国际能源公司发挥更大作用。

《中国石油天然气集团公司统编培训教材》
编审委员会

前　言

　　近年来，中国石油已取得了一系列油气田勘探、开发成果，建成了一批大型油气地面集输处理设施。由于地质条件及开发方式各异，造成油气田地面工程技术要求多样、建设方式差异较大，随着新的建设模式不断涌现，油气田地面建设与管理的难度与挑战也在不断增加，需要进一步系统、有效推行项目管理，实施全过程管理、实现建设目标。

　　本手册内容覆盖了油气田地面建设全过程、各阶段、各参建方，遵循了国家、行业的相关法规制度，总结借鉴了油气田建设成功经验与有效做法，结合实际、系统性强、可操作性强，可以作为油气田地面建设项目管理的工具书。

　　本手册主编汤林、胡玉涛，副主编苗新康、崔新村、孙子杰。第一章概论由汤林、胡玉涛、孙子杰、刘忠和撰写；第二章前期管理由苗新康、崔新村、王乙福、刘国良、雷江辉撰写；第三章组织管理由孙子杰、苗新康、史鸿鹏、李超撰写；第四章勘察设计管理由崔新村、李仁科、李龙（西南油气田）、殷建成、王薛辉撰写；第五章招标管理由陈磊、梁宝运、盖晓鹏撰写；第六章合同管理由王玮、范启明、谢刚撰写；第七章开工管理由肖峰、吕宾撰写；第八章 HSE 管理由孙子杰、孙百通、李易明撰写；第九章质量管理由马士峰、贺长河撰写；第十章工期管理由王宏红、王德君撰写；第十一章投资管理由习琦、吴剑刚、穆文巍撰写；第十二章资料和信息管理由孙百通、刘世婕、郑强撰写；第十三章完工交接及试运投产管理由胡垚、宋养庆、梁宝运撰写；第十四章竣工验收管理由马健钧、李龙（长庆油田）、吕勇兵撰写；第十五章项目后评价管理由郭雪茹、刘彩霞撰写；第十六章优秀设计及优质工程评选由党建新、蒋程彬撰写。全书由苗新康、崔新村初审，由汤林、胡玉涛复审、定稿。

　　本手册编写过程中得到了中国石油勘探与生产公司、长庆油田公司、大庆油田公司、西南油气田公司、新疆油田公司等单位的大力支持，相关专家提出了宝贵意见，在此表示衷心的感谢。随着建设模式不断创新、完善，本手册也需要在实践中不断总结、完善、提高。

由于编者水平有限，本手册中错误、疏漏之处恳请广大读者批评指正。

编者

目　录

第一章　概　　论

第一节　项目概述

一、项目的分类和特点

（一）项目分类

油气田地面建设项目包括油（气）田产能建设地面建设项目、老油（气）田改造项目和油气储运等系统工程项目等，是油气田开发生产的重要组成部分。项目管理按股份公司投资管理办法进行分类，例如：

按照股份公司投资管理办法（石油计字〔2016〕141号），油气田地面建设项目分为一类、二类、三类和四类项目，见表1-1。

表1-1　集团公司项目分类及管理权限划分表

项目类别	项目内容	审查	审批
一类	（1）境内建设规模100万吨/年及以上的新油田（区块）开发项目，建设规模30亿立方米/年及以上的新气田（区块）开发项目。 （2）新建及扩建炼油一次能力项目，新建及扩建乙烯能力项目，新建对二甲苯（PX）项目。 （3）新建跨境、境内跨省（自治区、直辖市，下同）输油及输气干线管网项目（不含油气田集输管网），境内新建、扩建进口液化天然气接收及配套储运设施项目。 （4）第（2）项以外的投资5亿美元及以上的境外收购和新建项目。 （5）投资3亿元或等值外币，下同及以上的办公、科研、培训、档案用房等楼堂馆所项目和图书馆、文体活动中心等公共用房项目。 （6）第（2）至第（5）项以外的30亿元及以上投资项目。 （7）其他需报股份公司董事长组织审批的投资项目		一类项目由股份公司董事长组织审批，其中投资10亿美元以上（或等值人民币）的收购项目由股份公司董事会审批

项目类别	项目内容	审查	审批
二类	（1）境内建设规模 50 ~ 100 万吨/年（含 50 万吨）的新油田（区块）开发项目，建设规模 20 ~ 30 亿立方米/年（含 20 亿立方米）的新气田（区块）开发项目，建设规模 5 亿立方米/年及以上的煤层气和页岩气开发项目，页岩油和生物质液体燃料等新能源开发项目。	规划计划部	投资 5 亿元以下的项目由股份公司总裁审批，投资 5 亿元及以上的项目由股份公司董事长审批
	（2）境内投资 3 亿元及以上油气田产能建设之外的地面工程项目。		
	（3）境内投资 3 亿元及以上的省内天然气支线、城市燃气、CNG、LNG 加注站等天然气销售终端项目，境内投资 1 亿元及以上的其他油气储运及配套项目。		
	（4）境内投资 1 亿元及以上的炼油化工及配套项目、加油（气）站及成品油销售配套项目、安全环保项目、节能减排项目、信息化建设项目、集团公司统建的重点实验室、中试基地、重大科技专项等科技项目。		
	（5）境外投资 3 亿美元及以上的勘探开发项目，1 亿美元及以上的销售网络建设项目和其他投资项目。		
	（6）境内外投资 5000 万元及以上的单台（套）非安装设备购置项目。		
	（7）境内外油轮购置和更新项目、生产基地搬迁项目。		
	（8）境内外投资 3 亿元以下的办公、科研、培训、档案用房等楼堂馆所项目和图书馆、文体活动中心（不含社区活动室）等公共用房项目，公务用小汽车购置项目。		
	（9）一类项目之外需上报国家核准的境内投资项目。		
	（10）第（1）~（9）各类项目中同时有工程建设和股权的投资项目。		
	（11）股份公司授权管理的其他投资项目。		
	（12）无工程建设的股权投资项目。	资本运营部	
	（13）投资 1 亿元以下股份公司级重点实验室、中试基地、重大科技专项等科技项目。	科技管理部	
	（14）投资 1 亿元以下股份公司统建的信息化建设项目。	信息管理部	

项目类别	项目内容	审查	审批
三类	（1）境内新申请勘察登记的勘探项目、风险勘探项目、单井投资 2 亿元及以上的探井项目。 （2）境内建设规模 20～50 万吨／年（含 20 万吨）的新油田（区块）开发项目，建设规模 5～20 亿立方米／年（含 5 亿立方米）的新气田（区块）开发项目，建设规模 5 亿立方米／年以下的煤层气和页岩气开发项目。 （3）境内投资 1～3 亿元（含 1 亿元）油气田产能建设之外的地面工程项目，油气开发现场试验专项项目，投资 3000 万元及以上的生产支持性科技项目。 （4）境内投资 3000 万元～3 亿元（含 3000 万元）的省内天然气支线、城市燃气、CNG、LNG 加注站等天然气销售终端项目，境内投资 3000 万元～1 亿元（含 3000 万元）的其他油气储运及配套项目。 （5）境内投资 3000 万元～1 亿元（含 3000 万元）的炼油化工及配套项目、加油（气）站及成品油销售配套项目、安全环保项目、节能减排项目。 （6）境内投资 1 亿元以下的成品油油库建设项目。 （7）境内投资 2000～5000 万元（含 2000）万元单台（套）非安装设备购置项目。 （8）境内外生产用车购置项目。 （9）除一类、二类以外的境外项目。 （10）除一类、二类以外的同时有工程建设和股权的投资项目。 （11）股份公司授权管理的其他投资项目		专业分公司组织审查、审批
四类	（1）股份公司、专业分公司管理以外的油气田勘探开发项目。 （2）境内投资 3000 万元以下的油气储运项目、炼油化工及配套项目、加油（气）站及成品油销售配套项目、安全环保项目、节能减排项目、生产支持性科技项目。 （3）境内投资 2000 万元以下单台（套）非安装设备购置项目。 （4）集团公司及专业分公司授权管理的其他投资项目		地区公司组织审查、审批

（二）项目特点

油气田地面工程建设项目特点包括：

（1）勘探开发一体化、地质工程一体化对地面工程建设的适应性提出了更高的要求。

（2）建设现场分散，点多、线长、面广，外部协调难度大。

（3）现场作业条件复杂，社会依托条件差。

（4）多专业参与建设，工程协调难度大。

（5）安全环保压力大，依法合规建设要求严。

二、油气田地面建设阶段和程序

（一）建设阶段

建设阶段包括三个阶段：前期阶段、实施阶段和竣工验收。

前期阶段工作主要包括项目（预）可行性研究，项目专项评价及报批，项目审批、核准或备案，项目管理机构组建及管理模式选择等。

实施阶段工作包括设计工作、建设准备工作和建设实施工作等。

竣工验收工作包括试生产考核、专项验收、初步验收和竣工验收等。

（二）建设程序

建设程序流程见图1-1。

1. 第一阶段：项目前期工作

项目（预）可行性研究应以股份公司中长期业务发展规划为依据，未列入业务发展规划的项目原则上不得开展（预）可行性研究。特殊、复杂项目应开展预可行性研究，待批复后再组织开展可行性研究；其他项目可直接开展可行性研究。结合项目特点，在项目可行性研究阶段，根据需要可开展初步勘查工作。

实行核准制和备案制的项目由油气田公司根据国家及地方政府有关规定编制《项目申请报告》和备案材料，满足项目核准、备案要求，并获取同意开展项目前期工作的文件、核准批复文件。

项目可行性研究阶段应根据国家及地方政府有关规定同时选择开展相应专项评价。

专项评价主要包括：环境影响评价、安全预评价、职业病危害预评价、地震安全性评价、地质灾害危险性评价、水土保持评价、压覆矿产资源评估、节能评估、防洪评价、社会稳定风险评估等。

股份公司内审批的项目，应在可行性研究报告批复后组建业主项目部；实行核准制或备案制的项目，在申请报告获核准或备案材料备案后，获准同意开展项目前期工作的同时就应组建业主项目部。

在项目可行性研究阶段，建设单位应提出选择项目管理模式方案。对于实施联合项目管理组（IPMT）、项目管理承包（PMC）、工程总承包（EPC）

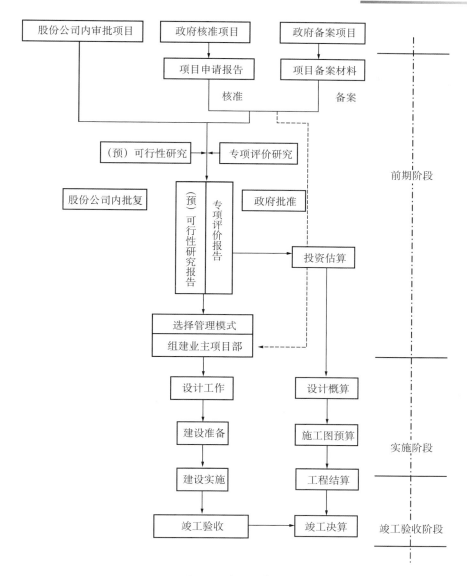

图1-1　建设程序流程

等管理模式的建设项目，建设单位应履行管理责任，监督承包商严格执行合同，不得以包代管。

2. 第二阶段：实施阶段工作

实施阶段设计工作分为工程设计和工程勘察。工程设计一般按初步设计和施工图设计两个阶段进行，初步勘察须满足初步设计的需要，详细勘察须满足施工图设计的需要。

初步设计批准后，项目进入了建设准备阶段。建设准备的主要内容包括：①落实年度投资计划；②征地、拆迁和场地平整；③完成施工水、电、路、讯等工程；④组织设备、材料订货；⑤准备必要的施工图纸；⑥组织工程和服务招标，择优选择施工、监理、检测等单位；⑦办理工程质量监督注册手续；⑧编制审批建设工程项目总体部署；⑨报批项目开工报告。

建设实施是一个实现决策意图、建成投产、发挥投资效益的关键环节，应按设计要求、合同条款、预算投资、实施程序、施工组织设计，在保证质量、工期、投资等控制目标实现的前提下进行，达到竣工标准要求，完成完工交接，组织试运投产。

3. 第三阶段：竣工验收

油气田地面工程建设项目按批准的设计文件建成，达到《中国石油天然气股份有限公司工程建设项目竣工验收管理办法》规定验收条件，建设单位应及时申请和办理竣工验收。

三、项目的参与方

油气田地面工程建设项目的参与方包括股份公司、勘探与生产公司、建设单位（油气田公司）、业主项目部、生产单位、施工单位、勘察设计单位、监理单位、供货商、质量监督机构、第三方检测机构、政府主管部门，以及为项目的策划、决策、设计、施工、管理等提供支持的机构等。

项目各参与方应根据法律法规、标准规范、合同条文或企业内部规章制度认真履行职责，特别提请注意：

（1）原国家计划委员会以"计建设（1996）2847号文"委托"中国石油天然气总公司"承办石油基本建设市场管理、甲方资质管理、招标投标管理、建设监理管理、小型项目开工报告管理、工程竣工验收管理等。

（2）国务院行政主管部门以"运行函（2001）第293号文"委托"石油天然气工程质量监督总站"对中国石油天然气集团公司及其所属企业投资的石油石化建设工程项目进行质量监督，对设计、材料、施工、竣工验收进行质量监督，对参建承包商资质、作业行为、工程实体质量进行检查与监督。

第二节　项目管理概述

一、项目管理的类型

项目管理的类型划分方法主要有两种，一是按照管理范围和内涵划分，二是按照管理主体不同划分，如图 1-2 所示。

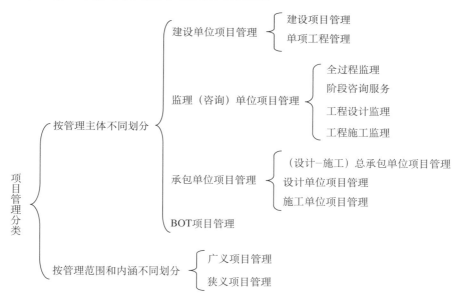

图 1-2　油气田地面建设项目管理分类图

（一）按管理范围和内涵不同划分

按油气田地面工程建设项目管理范围和内涵不同分为广义项目管理和狭义项目管理。

广义项目管理包括项目前期、项目实施、项目竣工验收、项目后评估全过程的管理。

狭义项目管理是指从项目正式立项开始，即从可行性研究报告批准后的项目实施到项目竣工验收的全过程管理。

（二）按管理主体不同划分

按管理主体不同可以将项目管理分为建设单位项目管理、监理（咨询）单位项目管理、承包单位项目管理等。

建设单位项目管理是指由项目建设单位对项目建设全过程的监督与管理。按股份公司有关规定，项目可行性研究报告批复后或项目申请报告核准、备案后，应由建设单位组建业主项目部，并授权其负责项目管理；项目建成后，由业主项目部组织移交生产单位。

建设单位项目管理与设计单位项目管理、施工单位项目管理的主要区别，如表 1-2 所示。

表 1-2　建设单位项目管理与设计单位项目管理、施工单位项目管理的主要区别

管理主体	建设单位	设计单位	施工单位
管理目标	以最少的投资、最短的工期取得有效的使用价值	在满足业主要求的条件下，实现设计产品的最大价值	在满足合同的条件下，实现最大利润
管理执行机构	建设项目管理组织机构	设计项目管理组织机构	施工项目管理组织机构
管理手段	主要采用合同管理手段	主要采用经济措施、组织措施和技术措施等手段	主要采用经济措施、组织措施和技术措施等手段
管理范围	从项目建议书到投产使用全过程	从设计招标到交付施工图纸直至施工配合	从施工招标到竣工验收

二、项目管理模式

（1）投资规模大、一体化程度高、工艺技术复杂、实施环节多的大型炼油化工及液化天然气（LNG）等项目，一般应采用"业主（建设单位）+ 项目管理承包（PMC）+ 工程总承包（EPC）"模式；需要项目管理团队（PMT）或与项目专业管理公司组建联合项目管理团队（IPMT）的，采用"PMT/IPMT+EPC+ 监理"模式。

（2）技术复杂的整装油气田地面建设、天然气处理厂、大型炼油化工装置、大型油气储运、多个加油（气）站捆绑建设等项目，一般应采用"业主+EPC（交钥匙总承包）+ 监理"模式。

（3）其他项目可采用"业主 + 设计（E）+ 采购（P）+ 施工（C）+ 监

理"、"业主 +EP+C+ 监理"或"业主 +E+PC+ 监理"等模式。（EP+C 是指工程设计、设备采购由一家单位承包，施工由另一家单位承包；E+PC 是指工程设计由一家单位承包，设备采购、施工由另一家单位承包）。

三、法律法规和制度体系的构成

油气田地面建设法律法规体系包括法律、建设行政法规、部门规章、地方性建设法规、地方建设规章以及技术标准体系等。制度体系包括企业规定、管理办法和指导意见等。

（一）法律法规体系

1. 法律

建设法律既包括专门的建设领域的法律，也包括与建设活动相关的其他法律。例如：

《中华人民共和国建筑法》（中华人民共和国主席令第 91 号）；

《中华人民共和国公司法》（中华人民共和国主席令第 42 号）；

《中华人民共和国城乡规划法》（中华人民共和国主席令第 74 号）；

《中华人民共和国土地管理法》（中华人民共和国主席令第 28 号）；

《中华人民共和国合同法》（中华人民共和国主席令第 15 号）；

《中华人民共和国劳动合同法》（中华人民共和国主席令第 65 号）；

《中华人民共和国招标投标法》（中华人民共和国主席令第 21 号）；

《中华人民共和国招标投标法实施条例》（中华人民共和国国务院令第 613 号）；

《中华人民共和国安全生产法》（中华人民共和国主席令第 70 号）；

《中华人民共和国清洁生产促进法》（中华人民共和国主席令第 70 号）；

《中华人民共和国环境保护法》（中华人民共和国主席令第 22 号）；

《中华人民共和国环境影响评价法》（中华人民共和国主席令第 77 号）；

《中华人民共和国消防法》（中华人民共和国主席令第 6 号）；

《中华人民共和国职业病防治法》（中华人民共和国主席令第 60 号）；

《中华人民共和国环境噪声污染防治法》（中华人民共和国主席令第 77 号）；

《中华人民共和国大气污染防治法》（中华人民共和国主席令第 32 号）；

《中华人民共和国水污染防治法》（中华人民共和国主席令第 87 号）；

《中华人民共和国固体废物污染防治法》（中华人民共和国主席令第 58 号）；

《中华人民共和国节约能源法》(中华人民共和国主席令第 77 号);

《中华人民共和国水土保持法》(中华人民共和国主席令第 39 号);

《中华人民共和国特种设备安全法》(中华人民共和国主席令第 4 号);

《中华人民共和国石油天然气管道保护法》(中华人民共和国主席令第 30 号)等。

2. 建设行政法规

现行的建设行政法规主要有:

《建设工程质量管理条例》(中华人民共和国国务院令第 279 号);

《建设工程安全生产管理条例》(中华人民共和国国务院令第 393 号);

《建设工程勘察设计管理条例》(中华人民共和国国务院令第 293 号);

《建设项目环境保护管理条例》(中华人民共和国国务院令第 253 号);

《地质灾害防治条例》(国务院令第 394 号);

《招标投标法实施条例》(中华人民共和国国务院令第 613 号);

《特种设备安全监察条例》(中华人民共和国国务院令第 373 号);

《安全生产许可证条例》(中华人民共和国国务院令第 397 号)等。

3. 部门规章

住房和城乡建设部部门规章,例如:

《建筑业企业资质管理规定》(建设部令第 159 号);

《工程监理企业资质管理规定》(建设部令第 158 号);

《建设工程勘察设计资质管理规定》(建设部令第 160 号);

《建设工程监理范围和规模标准规定》(建设部令第 86 号);

《实施工程建设强制性标准监督规定》(建设部令第 81 号);

《房屋建筑和市政基础设施施工质量监督管理规定》(建设部令第 5 号);

《房屋建筑和市政基础设施工程施工招标投标管理办法》(建设部令第 89 号);

《房屋建筑和基础设施工程竣工验收备案管理办法》(建设部令第 78 号);

《建设工程质量责任主体和有关机构不良记录管理办法》(建质〔2003〕113 号);

《建筑工程施工许可管理办法》(建设部令第 91 号);

《工程建设项目施工招标投标办法》(5 部 1 委 1 局令第 30 号);

《工程建设项目招标范围和规模标准规定》(国家发展计划委员会令第 3 号)等。

其他部门规章,例如:

《设备监理单位资格管理办法》（质检总局令第 157 号）；

《基本建设财务管理规定》（财建〔2002〕394 号；

《建设项目（工程）竣工验收办法》（国家计委 1990 年 9 月 11 日）；

《国务院关于特大安全事故行政责任追究的规定》（国务令第 320 号）；

《建设项目职业卫生审查规定》（卫监督发〔2006〕375 号；

《建设项目环境影响评价文件分级审批规定》（环境保护部令第 9 号）；

《职业病危害项目申报管理办法》（卫生部令第 21 号）；

《建设项目职业病危害分类管理办法》（卫生部令第 49 号）；

《建设项目职业卫生"三同时"监督管理暂行办法》（国家安全生产监督管理总局令第 51 号）；

《关于进一步加强建设项目职业卫生"三同时"监管工作的通知》（国家安全监管总局职业健康司安健函〔2016〕30 号）；

《建设项目环境保护设计管理规定》（国家计委、国务院环保委员会（87）国环宇字第 002 号）；

《建设项目环境保护分类管理名录》（环境保护部令第 2 号）；

《建设项目"三同时"监督检查和竣工环保验收管理规程（试行）》（环发〔2009〕150 号）；

《关于进一步推进建设项目环境监理试点工作的通知》（环办〔2012〕5 号）；

《建设项目竣工环境保护验收管理办法》（国家环境保护总局令 第 13 号）；

《关于环境保护部委托编制竣工环境保护验收调查报告和验收监测报告有关事项的通知》（环境保护部办公厅文件环办环评〔2016〕16 号）；

《开发建设项目水土保持方案编报审批管理规定》（水利部令第 24 号）；

《开发建设项目水土保持设施验收管理办法》（水利部令第 16 号）；

《关于加强大中型开发建设项目水土保持监理工作的通知》（水利部水保〔2003〕89 号）；

《关于规范生产建设项目水土保持监测工作的意见》（水利部水保〔2009〕187 号）；

《水土保持补偿费征收使用管理办法》（财综〔2014〕8 号）；

《地质灾害防治管理办法》（国土资源部第 4 号令）；

《关于固定资产投资工程项目可行性研究报告"节能篇（章）"编制及评估规定》（计交能〔1997〕2542 号）；

《特种设备作业人员监督管理办法》（质量监督检验检疫总局令第 70 号）；

《防雷减灾管理办法》（中国气象局第 24 号令）；

《公安部消防部队执勤战斗条令》（公安部 2009）；

《建设工程消防监督管理规定》（公安部令第 106 号）；

《中华人民共和国国家审计总则》（审计署令第 8 号）；

《关于陆上石油天然气建设项目安全设施设计审查与竣工验收有关事项的通知》（国家安全生产监督管理总局 安监总管〔2006〕151 号）；

《建设项目安全设施"三同时"监督管理办法》（国家安全生产监督管理总局令第 77 号）；

《国务院关于第一批清理规范 89 项国务院部门行政审批中介服务事项的决定》（国发〔2015〕58 号）；

《建设工程价款结算暂行办法》（财政部、建设部财建〔2004〕369 号）；

《国家发展改革委关于印发中央政府投资项目后评价管理办法（试行）的通知》（发改投资〔2008〕2959 号）；

《中央企业固定资产投资项目后评价工作指南》（国资发法规〔2005〕92 号）等。

4. 地方性建设法规

地方性建设法规是指省、自治区、直辖市、直辖市人大及其常委会制定并发布的建设方面的规章。

5. 地方建设规章

地方建设规章是指省、自治区、直辖市以及省会城市和经国务院批准的较大城市的人民政府制定并颁布的建设方面的规章。

6. 技术标准体系

技术标准是由国家制定或认可的，由国家强制或推荐实施的有关工程项目的规划、勘察、设计、施工、安装、检测、验收等的技术标准、规范、规程、条例、办法、定额等规范性文件，按使用范围分为四级：国家级、部（委）级、省（直辖市、自治区）级和企业级。例如：

GB 50300—2013《建筑工程施工质量验收统一标准》；

JGJ 59—2011《建筑施工安全检查标准》；

JGJ/T 121—2015《网络计划技术规程》；

GB 50203—2011《砌体结构工程施工质量验收规范》；

GB/T 50326—2006《建设工程项目管理规范》；

GB/T 50319—2013《建设工程监理规范》；

GB/T 50328—2014《建设工程文件归档规范》；

GB 50500—2013《建设工程工程量清单计价规范》；

JGJ/T 121—2015《工程网络计划技术规程》；

GB/T 11822—2008《科学技术档案案卷构成的一般要求》；

GB/T 18894—2002《电子文件归档与管理规范》；

DA/T 28—2002《国家重大建设项目文件归档要求与档案整理规范》；

AQ 8001—2007《安全评价通则》；

Q/SY 1454.7—2012《中国石油天然气集团公司内部专项审计规范 第7部分：工程建设项目审计》等。

（二）制度体系

1. 企业规定

《中国石油天然气集团公司工程建设质量管理规定》；

《中国石油天然气集团公司建设项目其他费用和相关费用的规定》；

《中国石油天然气集团公司质量事故管理规定》；

《中国石油天然气集团公司工程建设监理业务管理规定》；

《中国石油天然气集团公司建设工程安全监理暂行规定》；

《中国石油天然气集团公司建设项目职业卫生"三同时"管理规定》；

《石油天然气建设工程质量监督站资质管理暂行规定》；

《石油天然气建设工程质量监督站人员资格管理暂行规定》；

《中国石油天然气股份有限公司油气田地面建设工程项目管理规定》；

《中国石油天然气股份有限公司油田气田可行性研究报告编制规定》；

《中国石油天然气集团公司总部公文运行管理工作规范》；

《中国石油天然股份有限公司建设项目档案管理规定》；

《中国石油天然气集团公司职业卫生档案管理规定》；

《中国石油天然气股份有限公司油气田地面建设工程项目开工报告管理规定》；

《中国石油天然气股份有限公司招标信息管理公开暂行规定》；

《中国石油天然气股份有限公司建设项目职业卫生"三同时"管理规定》；

《中国石油天然气股份有限公司产品驻厂监造管理规定》；

《中国石油天然气股份有限公司采购物资质量监督规定》；

《中国石油天然气股份有限公司工程建设项目质量管理规定》；

《中国石油天然气股份有限公司安全生产费用财务管理暂行办法》；

《中国石油天然气股份有限公司安全生产合同管理通则》；

《中国石油天然气股份有限公司安全生产监督检查暂行规定》；

《中国石油天然气股份有限公司消防安全管理暂行规定》；

《中国石油天然气股份有限公司勘探与生产分公司环境保护管理规定》；

《中国石油天然气股份有限公司勘探与生产分公司作业许可管理规定》；

《中国石油天然气股份有限公司勘探与生产分公司采购产品质量不合格处理管理规定》；

《中国石油天然气股份有限公司勘探与生产分公司承包商健康安全环境管理规定》；

《中国石油天然气股份有限公司勘探与生产分公司质量管理规定》；

《中国石油天然气股份有限公司勘探与生产分公司交通安全管理规定》等。

2. 企业管理办法

《中国石油天然气股份有限公司规章制度管理办法》；

《中国石油天然气股份有限公司投资管理办法》；

《中国石油天气集团公司建设项目概算编制办法（试行）》；

《中国石油天然气股份有限公司工程建设项目管理办法》；

《中国石油天然气集团公司工程建设及检维修承包商管理办法》；

《中国石油天然气集团公司质量管理办法》；

《中国石油天然气集团公司优质工程评选办法》；

《中国石油天然气集团公司优秀工程勘察设计评选办法》；

《石油天然气工程质量监督管理办法》；

《中国石油天然气集团公司标准化管理办法》；

《中国石油天然气股份有限公司安全生产应急管理办法》；

《中国石油天然气集团公司动火作业安全管理办法》；

《中国石油天然气集团公司进入受限空间作业安全管理办法》；

《中国石油天然气集团公司生产安全风险防控管理办法》；

《中国石油天然气股份有限公司招标管理办法》；

《中国石油天然气股份有限公司油气田地面建设项目总体部署编制办法》；

《中国石油天然气股份有限公司安全监督管理办法》；

《中国石油天然气股份有限公司生产安全事故管理办法》；

《中国石油天然气股份有限公司生产安全事故隐患事故特别奖励办法》；

《中国石油天然气股份有限公司承包商安全监督管理办法》；

《中国石油天然气集团公司投资项目后评价管理办法》；

《中国石油天然气股份有限公司投资项目后评价管理办法》；

《中国石油天然气股份有限公司高处作业安全管理办法》；

《中国石油天然气集团公司建设项目环境保护管理办法》；

《中国石油天然气股份有限公司建设项目后评价管理办法》；

《中国石油天然气股份有限公司工程建设项目质量计划管理规定》；

《中国石油天然气股份有限公司油气田开发地面建设工程项目初步设计审批管理暂行办法》；

《中国石油天然气股份有限公司招标管理办法》；

《中国石油天然气股份有限公司安全生产管理暂行办法》；

《中国石油天然气股份有限公司生产安全事故管理办法》；

《中国石油天然气股份有限公司临时用电作业安全管理办法》；

《中国石油天然气股份有限公司生产安全事故责任管理人员处分暂行办法》；

《中国石油天然气股份有限公司环境保护暂行办法（试行）》；

《中国石油天然气股份有限公司健康安全环保信息系统管理办法》；

《中国石油天然气股份有限公司建设项目安全设施竣工验收管理暂行办法》；

《中国石油天然气股份有限公司工程建设项目竣工验收管理办法》；

中国石油天然气股份有限公司油气田地面建设工程（项目）竣工验收手册》；

《中国石油天然气股份有限公司建设项目审计项目管理办法》；

《中国石油天然气股份有限公司油气资产及固定资产管理暂行办法》；

《中国石油天然气股份有限公司工程建设项目审批管理办法》等。

3. 企业纲要及指导意见

《中国石油天然气股份有限公司油田开发管理纲要》；

《中国石油天然气集团公司 2010—2015 年后评价工作纲要》；

《中国石油天然气股份有限公司天然气开发管理纲要》；

《中国石油油气田基本建设管理工作指导意见》；

《中国石油油气田地面建设工程质量监督管理工作指导意见》；

《中国石油油气田地面建设工程监理管理指导意见》；

《中国石油油气田地面建设工程质量检测管理工作指导意见》；

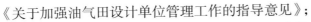

《关于加强油气田设计单位管理工作的指导意见》；

《中国石油勘探与生产分公司加强油气田地面建设工程质量监理管理工作意见》等。

第二章　前　期　管　理

项目前期管理包括两部分：一是（预）可行性研究报告编制、审批、核准或备案；二是专项评价管理。

前期阶段管理流程如图 2-1 所示。

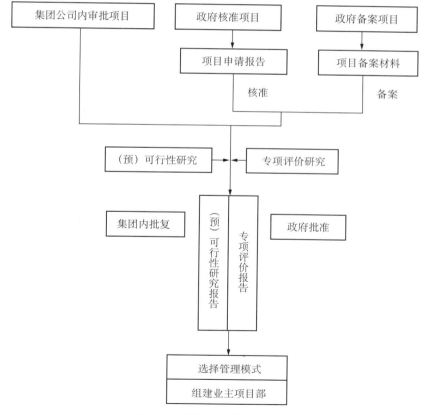

图 2-1　前期阶段管理流程图

第一节 （预）可行性研究报告管理

一、（预）可行性研究报告的编制

（预）可行性研究报告应由建设方招标选择有相应资质的工程咨询、设计单位编制，按照股份公司投资管理办法分级管理。可行性研究报告的内容和深度应符合国家法律、法规和股份公司的有关规定，内容及深度应达到股份公司及相关行业规定的标准，由编制单位对其内容及质量负责。

（预）可行性研究报告经济部分（包括投资估算和经济评价）执行股份公司石油建设项目可行性研究投资估算编制有关规定和建设项目经济评价方法与参数有关规定。在项目终审前，由咨询评估单位对投资估算和经济评价的内容组织复算，必要时委托有资质的第三方机构进行核实。

二、项目申请报告的编制

上报国家各级政府投资主管部门核准的项目除编制可行性研究报告外，还需要编制项目申请报告，在可行性研究报告编制完成，并征得审批主管部门审查同意后进行。项目申请报告应由具有甲级工程咨询资格的机构编制，具体按照国家发展与改革委员会发布的企业投资项目核准办法执行，主要内容包括：项目申报情况、拟建项目情况、建设用地及相关规划、资源利用和能源耗用分析、生态影响环境分析、经济和社会效果分析等。

（1）规划计划部负责上报需国家核准、备案的投资项目，获取国家主管部门核准批复文件、同意开展前期工作的文件；获取省主管部门对项目前期工作的支持文件；获取咨询机构对项目申请报告的评估意见；获取国家主管部门用地预审文件。

（2）安全环保部负责上报需国家核准、备案的国内投资项目的环境影响评价报告并获取审批文件。

（3）所属油气田公司负责上报并获取地方各级政府主管部门的用地初审文件，城市规划文件，地震、地质灾害、水土保持、矿产压覆、安全预评价、环境影响评价等专项和穿越局部特殊地区等的批复文件。

三、（预）可行性研究报告的审批

油气田地面建设项目（预）可行性研究报告实行分类、分级管理，按程序审批，见《中国石油天然气股份有限公司投资管理办法》。

（预）可行性研究报告未经批准，不得开展下一环节工作。经批准的（预）可行性研究报告，其投资主体、建设规模、场址选择、工艺技术、产品方案、投资估算与经济评价等内容发生重大变化的，或批准超过两年未开展实质性工作的，应按照审批权限重新报批或取消。

第二节　专项评价管理

可行性研究报告阶段，应根据工程性质、所处区域，以及国家安全生产、环境保护、职业病防治、水土保持、节约能源、地质灾害防治等法律法规要求，选择开展环境影响评价、安全预评价、水土保持、职业病危害预评价、地质灾害危险性评价、地震安全性评价、压覆矿产资源评估、节能评估、土地复垦方案、使用林地可行性、文物调查勘探评估等11项专项评价工作，并获得相应批复。不涉及新征土地、变更厂址的改扩建类项目，根据有关规定可适当减少专项评价内容。

一、环境影响评价

（一）评价项目范围

所有油气田地面建设项目。

（二）评价内容

主要包括建设项目概况、周围环境状况简介，分析和预测建设项目可能造成的环境影响，通过技术及经济论证，确定环境保护措施，分析经济损益，提出明确的评价结论和建议等。

（三）工作程序与内容

可行性研究阶段，由建设单位组织开展环境影响评价工作，委托有相应资质的环境影响评价单位编制环境影响报告书（表），做到环境影响评价文件的编制与可行性研究报告同期进行。

环境影响报告书（表）由环保主管部门组织有关专家初审后，报项目所在地环境保护行政主管部门审批。可行性研究报告编制单位应将环境影响报告书（表）及审批意见中提出的环境保护措施和工程量纳入建设项目可行性研究报告，按规定编制"环境保护篇（章）"，并在投资估算中单列环境保护措施工程量及投资。根据《中华人民共和国环境影响评价法》（2016 年 7 月 2 日第十二届全国人民代表大会常务委员会修改），建设项目的环境影响评价文件未经审批，建设单位不得开工建设。

1. 分类管理与评价机构

（1）根据《建设项目环境影响评价分类管理名录》（环境保护部令第 33 号，2015 年 6 月 1 日起施行）中的规定，建设项目环境影响评价实行分类管理，共有三种形式：环境影响报告书、环境影响报告表和环境影响登记表。

油气田地面建设项目环境影响评价有两种形式：环境影响报告书、环境影响报告表，见表 2-1。

表 2-1　　油气田地面建设项目环境影响评价分类管理表

项目类别	环境影响报告类别
年生产能力 1 亿立方米及以上；涉及环境敏感区的煤层气开采	环境影响报告书
全部石油开采、天然气、页岩气开采（含净化）项目	
总容量 20 万立方米及以上油库及地下洞库（不含加油站的油库）的建设项目	
地下气库（不含加气站）建设项目	
200 千米以上及涉及环境敏感区的石油、天然气、成品油管线建设项目（不含城市天然气管线）	
其他	环境影响报告表

注：表中的环境敏感区是指自然保护区、风景名胜区、世界文化和自然遗产地、饮用水水源保护区；基本草原、水土流失重点防治区、沙化土地封禁保护区；以居住、医疗卫生、文化教育、科研、行政办公等为主要功能的区域，文物保护单位，具有特殊历史、文化、科学、民族意义的保护地。

（2）集团公司实行环境影响评价技术服务机构准入制度，国家审批项目的技术服务机构准入名单由集团公司确定，股份公司油气田地面建设项目的技术服务机构由勘探与生产公司或者油气田公司确定。建设单位应当在准入名单中优选技术服务机构编制环境影响评价文件。

2. 评价实施

1）评价委托

建设单位在委托项目可行性研究时同时委托环境影响评价。建设单位与环境影响评价技术服务机构签订合同时，应明确责任和义务，规定环境影响评价工作要求和完成时限。

对国家审批的油气田地面建设项目，建设单位应当在合同签订后10个工作日内，将技术服务机构名称及其资质、建设项目建设和投产计划进度、环境影响评价工作总体计划报集团公司安全环保部、勘探与生产公司备案。

2）编审评价大纲

在正式开展评价之前，评价服务机构应依据 HJ/T 349—2007《环境影响评价技术导则 陆地石油天然气开发建设项目》和《建设项目可行性研究报告》及其他相关文件，编制评价方案、提要或评价大纲，并经项目所在地市级以上环境保护主管部门评审。

3）开展环境影响评价

依据评价大纲及其评审意见，组织开展建设项目环境影响评价及报告的编写工作。

4）报告审批

报告审批程序：内部预审→修改完善→报批。

内部预审：国家审批的油气田地面建设项目的环境影响评价文件，由股份公司环保部门组织技术预审；股份公司及以下审批的油气田地面建设项目的环境影响评价文件，由勘探与生产公司或油气田公司预审。

修改完善：由评价机构依据预审意见对环境影响评价文件进行修改完善。

报批：对编制完成的建设项目环境影响评价文件报相应的环境保护行政主管部门进行审查，并取得建设项目环境影响报告批复意见。一般情况下，跨省、自治区、直辖市行政区域的油气田地面建设项目由国务院或由国务院授权有关部门审批，获核准的项目，以及由国务院有关部门备案的对环境可能造成重大影响的特殊性质的项目的环境影响评价文件，由国家环境保护主管部门审批，其余油气田地面建设项目的环境保护文件一般由项目所在地省级环境保护主管部门审批，并抄报国家环境保护主管部门。

建设项目环境影响评价文件批准后，项目的性质、规模、地点、采用的生产工艺或者环境保护措施发生重大变动的，建设单位须重新报批环境影响评价文件。

建设项目环境影响评价文件自批准之日起超过五年，方决定该项目开工建设的，建设单位须报原审批部门重新审核环境影响评价文件。

二、安全预评价

（一）评价项目范围

依据《建设项目安全设施"三同时"监督管理办法》（国家安全生产监督管理总局令第 77 号）第七条规定：非煤矿山建设项目需在项目可行性研究时，进行安全预评价；第九条规定：第七条规定以外的其他建设项目，生产经营单位应当对其安全生产条件和设施进行综合分析，形成书面报告备查。

（二）评价内容

主要包括建设项目概况、周围环境关系简介，分析和预测建设项目在建设过程中及建成投产后可能存在的危险、有害因素，提出明确的评价结论及措施建议。

（三）工作程序与内容

可行性研究阶段，由建设单位组织开展安全预评价工作，委托有相应资质的安全评价单位开展安全预评价工作；危险化学品建设项目在可行性研究阶段应进行安全条件论证。可行性研究报告编制单位要将安全预评价报告提出的安全对策措施及工程量纳入可行性研究报告，按规定编制"安全篇章"，并在投资估算中单列安全措施工程量及投资。

1. 预评价委托

建设单位在进行可行性研究时，需委托具有相应资质的安全评价机构，对其油气田地面建设项目的安全生产条件进行安全预评价，并编制安全预评价报告。建设单位与安全评价机构签订安全预评价技术服务合同，明确评价对象、评价范围以及双方的权利、义务和责任。

2. 预评价程序

预评价工作程序主要分准备、实施评价和预评价报告书编制三个阶段。

3. 预评价报告备案

按照安全生产监督管理部门报备要求，提供建设项目安全预评价报告备案所需资料进行备案：

（1）在县级行政区域内的建设项目，报所在地县级以上安全生产监督管理部门进行备案。

（2）跨两个及两个以上县级行政区域的建设项目，报上一级安全生产监督管理部门进行备案。

（3）跨两个及两个以上地（市）级行政区域的建设项目，报省级安全生产监督管理部门进行备案。

（4）跨省或承担国家级建设项目，报国家安全生产监督管理总局进行备案。

三、水土保持评价

（一）评价项目范围

《中华人民共和国水土保持法》规定的建设项目，重点包括油气集输及处理站场、长输管道、天然气净化厂及地下储气库建设等。

（二）评价内容

包括建设项目地区概况简介、生产建设过程水土流失预测，提出水土流失防治方案及措施等。

（三）工作程序与内容

可行性研究阶段，由建设单位组织开展水土保持评价工作，委托有相应资质的水土保持方案编制单位开展水土保持方案编制工作。水土保持方案报告书（表）由水土保持主管部门组织向项目所在地水行政主管部门的报批工作，并取得批复文件。可行性研究报告编制单位要将水土保持方案报告书（表）及审批意见提出的水土保持措施和工程量纳入建设项目可行性研究报告，并在投资估算中单列水土保持措施工程量及投资。在可行性研究报告审批前，应完成水土保持方案报告书（表）的报批工作。

1. 分类管理

水土保持方案分为水土保持方案报告书和水土保持方案报告表。

凡征占地面积在 1 公顷以上或者挖填土石方总量在 1 万立方米以上的开发建设项目，应当编报水土保持方案报告书；其他开发建设项目应当编报水土保持方案报告表。

2. 方案编报

1）编制委托

建设单位根据项目类型选聘具有相应资质的机构，签订技术服务合同，委托开展项目水土保持方案的编制工作。

2）方案编制

受委托的技术服务机构根据 GB 50433—2008《开发建设项目水土保持技术规范》和有关规定，编制水土保持方案报告书（表），内容和格式应当符合相关有求。

根据《水利部水土保持司关于印发〈规范水土保持方案编报程序、编写格式和内容的补充规定〉的通知》（保监〔2001〕15号），水土保持方案报告书的主要内容包括：建设项目概况、建设项目区域概况、主体工程水土保持分析与评价、防治责任范围及防治分区、水土流失预测、防治目标及防治措施布设、水土保持监测、投资估算及效益分析、实施保障措施、结论与建议等。

3）方案报批

根据《开发建设项目水土保持方案编报审批管理规定》和《水利部关于修改部分水利行政许可规章的决定》（2005年7月8日）有关要求：

审批制项目，在报送可行性研究报告前完成水土保持方案报批手续。

核准制项目，在提交项目申请报告前完成水土保持方案报批手续。

备案制项目，在办理备案手续后、项目开工前完成水土保持方案报批手续。

水土保持方案编制完成后，由建设单位向有审批权的水行政主管部门提交水土保持方案审批书面申请和水土保持方案报告书（表）：

50公顷且挖填土石方总量不足50万立方米的开发建设项目，水土保持方案报告书报省级水行政主管部门审批；地方立项的开发建设项目和限额以下技术改造项目，水土保持方案报告书报相应级别的水行政主管部门审批；水土保持方案报告表由开发建设项目所在地县级水行政主管部门审批。

四、职业病危害预评价

（一）评价项目范围

符合《建设项目职业病危害分类管理办法》（卫生部令49号）和《职业病危害因素分类目录》（安监总安健〔2012〕73号）等规定的项目。

（二）评价内容

主要包括项目选址、总体布局、生产工艺和设备布局等建设项目概况简介，确定职业病危害类别，分析和评价建设项目选址、可能产生的职业病危害因素及其对工作场所、劳动者健康的影响程度，制定相应职业病危害防护及管理措施等。

（三）工作程序与内容

1. 分类管理

根据国家安全生产监督管理总局《建设项目职业病危害风险分类管理目录》规定，石油开采、高含硫化氢气田开采属于职业病危害严重的建设项目，其他天然气开采属于职业病危害较重的建设项目。对于石油开采、高含硫化氢气田开采职业病危害严重的建设项目，须编制职业病危害评价报告书，其他天然气开采建设项目编制职业病危害评价报告表。

2. 报告编制

可行性研究阶段，由建设单位组织开展职业病危害预评价工作，依据《建设项目职业病危害预评价技术规范》（卫法监发〔2002〕63 号），编制或者委托编制职业病危害预评价报告。

五、地质灾害危险性评估

（一）评价项目范围

在国家、地方政府划定的地质灾害易发区范围内的建设项目，原则上应按照《地质灾害防治条例》（国务院令第 394 号）、《关于加强地质灾害危险性评估工作的通知》（国土资发〔2004〕69 号）等法律、法规文件规定，开展地质灾害危险性评估工作。

（二）评价内容

主要包括项目建设区和规划区地质环境条件基本特征简介，分析论证工程建设区和规划区各种地质灾害的危险性，开展现状评估、预测评估和综合评估，提出地质灾害防治措施及建议，并做出建设场地适宜性评价结论。

（三）工作程序与内容

可行性研究阶段，由建设单位组织开展地质灾害危险性评估工作，结合项目所在地国土资源行政主管部门对所在地区地质灾害危险性评估的行政许可，委托有相应资质的地质灾害评估单位开展地质灾害危险性评估。地质灾害危险性评估报告由土地管理部门组织报送地方各级国土资源行政主管部门进行评审备案工作。可行性研究报告编制单位应将地质灾害危险性评估报告以及评审意见提出的地质灾害防治措施及工程量纳入建设项目可行性研究报告，并在投资估算中单列地质灾害防治措施工程量及投资。在可行性研究报告审批前，原则上应完成地质灾害危险性评估报告的备案工作。

1. 评估分级

根据《关于加强地质灾害危险性评估的通知》（国土资发〔2004〕69号），地质灾害危险性评估工作级别按建设项目的重要性（表2-2）和地质环境的复杂程度（表2-3）分为三级（表2-4）。

表2-2　地质灾害危险性评估分级表

项目重要性	复杂程度		
	复杂	中等	简单
重要建设项目	一级	一级	一级
较重要建设项目	一级	二级	三级
一般建设项目	二级	三级	三级

表2-3　建设项目重要性分类表

项目类型	项目类别
重要建设项目	开发区建设、城镇新区建设、放射性设施、军事设施、核电、二级（含）以上公路、铁路、矿山、集中供水水源地、工业建筑、民用建筑、垃圾处理厂、水处理厂等
较重要建设项目	新建村庄、三级（含）以下公路、中型水利工程、电力工程、港口码头、矿山、集中供水水源地、工业建筑、民用建筑、垃圾处理场、水处理厂等
一般建设项目	小型水利工程、电力工程、港口码头、矿山、集中供水水源地、工业建筑、民用建筑、垃圾处理场、水处理厂等

表2-4　地质环境条件复杂程度分类表

复杂	中等	简单
地质灾害发育强烈	地质灾害发育中等	地质灾害一般
地形与地貌类型复杂	地形简单，地貌类型单一	地形简单，地貌类型单一
地质构造复杂	地质构造较复杂，岩性岩相不稳定，岩土体工程地质性质较差	地质构造简单，岩性单一，岩土体工程地质性质良好
工程地质、水文地质条件不良	工程地质、水文地质条件较差	工程地质、水文地质条件良好
破坏地质环境的人类工程活动强烈	破坏地质环境的人类工程活动较强烈	破坏地质环境的人类工程活动一般

2．评估实施

（1）选聘评估机构并委托评估。

一级地质灾害危险性评估项目须选聘甲级评估资质的单位进行。

二级地质灾害危险性评估项目须选聘乙级以上评估资质的单位进行。

三级地质灾害危险性评估项目须选聘丙级以上评估资质的单位进行。

（2）由受委托评估机构依据委托文件、合同条款及国家相关技术规范，开展评估工作，提交评估成果。

地质灾害危险性评估的主要内容是：阐明工程建设区和规划区的地质环境条件基本特征；分析论证工程建设区和规划区各种地质灾害的危险性，进行现状评估、预测评估和综合评估；提出防治地质灾害措施与建议，并做出建设场地适宜性评价结论。

地质灾害危险性评估成果包括：地质灾害危险性评估报告或说明书，并附评估区地质灾害分布图、地质灾害危险性综合分区评估图和有关的照片、地质地貌剖面图等。

地质灾害危险性一、二级评估，提交地质灾害危险性评估报告书；三级评估，提交地质灾害危险性评估说明书。

《关于取消地质灾害危险性评估备案制度的公告》（国土资源部 2014 年第 29 号）取消了地质灾害危险性评估备案制度。

六、节能评估

（一）评价项目范围

需报地方政府核准、备案的固定资产投资建设项目。

（二）评价内容

主要包括项目用能概况及能源供应情况简介，分析项目选址、总平面布置、生产工艺对能源消费的影响，评估主要用能工艺、工序、设备以及附属生产设施能耗指标和能效水平，制定节能措施。

（三）工作程序与内容

可行性研究阶段，由建设单位组织开展节能评估工作，委托有相应资质的机构编制节能评估报告书，节能登记表由建设单位自行填写。可行性研究报告编制单位应将节能评估文件确定的节能措施及工程量纳入可行性研究报告，在建设项目可行性研究报告中应编制"节能篇（章）"，并在投资估算中单列节能措施工程量及投资。建设项目核准或备案文件报送地方主管部门前，应由节能主管部门完成节能评估文件报批或预审工作。

1. 评估类别

依据《固定资产投资项目节能评估和审查暂行办法》（国家发改委2010年第6号令）节能评估按报告形式不同划分为三类：节能评估报告书、节能评估报告表和节能评估登记表。

年综合能源消费量3000吨标准煤以上（含3000吨标准煤，电力折算系数按当量值，下同），或年电力消费量500万千瓦时以上，或年石油消费量1000吨以上，或年天然气消费量100万立方米以上的固定资产投资项目，应单独编制节能评估报告书；

综合能源消费量1000～3000吨标准煤（不含3000吨，下同），或年电力消费量200万～500万千瓦时，或年石油消费量500～1000吨，或年天然气消费量50万～100万立方米的固定资产投资项目，应单独编制节能评估报告表；

上述条款以外的项目，须填写节能评估登记表。

2. 评估实施

1）评估报告编制

对需要填写节能评估登记表的建设项目，由建设单位在项目可行性研究阶段自行填写并按政府规定进行备案，取得批复意见。

对需要编制节能评估报告书（表）的建设项目，建设单位应在项目可行性研究阶段选聘并委托具备相应资质的节能评估机构，由节能评估机构根据有关政策组织专家对项目用能情况进行评估并编制节能评估报告书（表）。

节能评估报告书、节能评估报告表和节能登记表应按照《固定资产投资项目节能评估和审查暂行办法》（国家发改委2010年第6号令）附件要求的内容深度和格式编制。

节能评估报告书的主要内容包括：评估依据；项目概况；能源供应情况评估，包括项目所在地能源资源条件以及项目对所在地能源消费的影响评估；项目建设方案节能评估，包括项目选址、总平面布置、生产工艺、用能工艺和用能设备等方面的节能评估；项目能源消耗和能效水平评估，包括能源消费量、能源消费结构、能源利用效率等方面的分析评估；节能措施评估，包括技术措施和管理措施评估；存在问题及建议；结论。

2）节能评估报审

根据《中国石油天然气集团公司固定资产投资项目节能评估和审查管理

办法（试行）》（安全〔2013〕63号）要求报审：

一类、二类项目节能评估文件由油气田公司报集团公司安全环保与节能部审查或备案。由安全环保与节能部对其中需要由国家发展与改革委员会审批或核准的项目以及需要由国家发展与改革委员会核报国务院审批或核准的项目的节能评估文件和节能登记表进行预审后，报国家发展和改革委员会审查。

三类项目的节能评估文件由油气田公司节能主管部门审查或备案。由油气田公司节能主管部门对其中需要地方发展与改革部门审批、核准、备案或核报本级政府审批、核准项目的节能评估文件和节能登记表进行预审后，报地方发展与改革部门审查。

四类项目的节能评估文件由建设单位报所在地政府发展与改革部门审查。

七、地震安全性评价

（一）评价项目范围

以下项目原则上应开展地震安全性评价工作：

（1）集团公司和勘探与生产公司投资建设的重大建设项目。

（2）受地震破坏后可能引发火灾、爆炸、剧毒或者强腐蚀性物质大量泄漏或者其他严重次生灾害的建设工程，包括贮油、贮气、贮存有易燃易爆、剧毒或者强腐蚀性物质的设施以及其他可能发生严重次生灾害的建设项目。

（3）省、自治区、直辖市认为对本行政区域有重大价值或有重大影响的其他建设项目。

（二）评价内容

主要包括复核工程项目建设场地地震烈度，分析地震危险性，确定设计地震动参数，开展地震小区划、场地震害预测、场地及其周围的地震稳定性评价，并确定场地内建设工程项目的抗震设防措施。

（三）工作程序与内容

可行性研究阶段，由建设单位组织开展地震安全性评价工作，按照国家、地方地震主管部门对工程所在地区地震设防要求，委托有相应资质的地震安全性评价单位开展地震安全性评价。地震安全性评价报告由土地管理部门组织向国家或地方地震主管部门报批。可行性研究报告编制单位应将地震安全性评价报告提出的地震安全设防措施及工程量纳入建设项目可行性研究报告，并在投资估算中单列地震安全设防措施工程量及投资。在可行性研究报告审批前，原则上应完成地震安全性评价报告的报批工作。

八、压覆矿产资源评估

（一）评价项目范围

涉及到新征建设用地的场站、管道、基础设施等建设项目，原则上应开展压覆矿产资源评估工作。

（二）评价内容

主要包括拟建项目所在区域内的矿产资源分布评估和矿业权设立情况评估。

（三）工作程序与内容

可行性研究阶段，由建设单位组织开展压覆矿产资源评估工作，结合地方国土资源行政主管部门对所在地区压覆矿产资源评估的行政许可，委托有相应资质的压覆矿产资源评估单位开展压覆矿产资源评估。压覆矿产资源评估报告由土地管理部门组织向国家或地方国土资源行政主管部门的报批工作。可行性研究报告编制单位应在建设项目可行性研究报告中就是否占压矿产资源情况予以说明，并将压覆矿产资源评估报告提出的压覆矿产资源处理措施及工程量纳入可行性研究报告，在投资估算中单列压覆矿产资源处理措施工程量及投资。在可行性研究报告审批前，原则上应完成压覆矿产资源评估报告的报批工作。

九、土地复垦方案

（一）编制的项目范围

已经或可能因挖损、塌陷、压占、污染等原因对土地造成损毁的建设项目。

（二）主要内容

包括项目概况和项目土地利用状况简介，损毁土地的分析预测和土地复垦的可行性评价，制定土地复垦的目标任务、质量要求、工程措施和工作计划等。

（三）工作程序与内容

可行性研究阶段，由建设单位组织开展土地复垦方案编制工作，结合地方国土资源行政主管部门对所在地区土地复垦方案编制的行政许可，委托有相应资质的土地复垦方案编制单位开展土地复垦方案编制。土地复垦方案由土地管理部门组织向国家或地方国土资源行政主管部门报送及评审备案工作。可行性研究报告编制单位应将土地复垦方案中提出的复垦措施及工程量纳入建设项目可行性研究报告，并在投资估算中单列土地复垦工程量及投资。在可行性研究报告审批前，原则上应完成土地复垦方案的备案工作。

十、使用林地可行性报告

（一）编制的项目范围

占（征）用林地或临时占用林地的建设项目。

（二）主要内容

使用林地可行性报告内容应包括建设项目概况简介，调查项目区拟占用、征用林地现状情况，分析占用、征用林地对环境和林业发展的影响，进行综合评价，制定保障措施，明确可行性研究结论。

（三）工作程序与内容

可行性研究阶段，由建设单位组织开展使用林地可行性报告编制工作，结合项目所在地林业主管部门对所在地区使用林地可行性报告编制的行政许可，委托有相应资质的单位完成项目使用林地可行性报告编制。使用林地可行性报告由土地管理部门组织向国家或地方林业主管部门的报批工作。土地管理部门应将审批后的使用林地可行性报告以及批复文件送同级规划计划部门。可行性研究报告编制单位应将使用林地可行性报告提出的保障措施及工程量纳入建设项目可行性研究报告，并在投资估算中单列林地保护的工程量及投资。在可行性研究报告审批前，原则上应完成项目使用林地可行性报告的审批工作。

十一、文物调查勘探评估

（一）评估的项目范围

处于下列区域内的建设工程，结合项目所在地有关部门的要求，开展文物调查勘探评估：

（1）历史文化名城的保护规划范围内。

（2）已核定公布为文物保护单位的古遗址、古墓葬、古建筑、石刻、纪念建筑等历史文化遗迹。

（3）省级文物行政主管部门核定的可能埋藏文物的区域。

（二）评估内容

文物调查勘探评估报告内容应包括建设项目概况简介，确定评估方法、依据及目的，调查项目涉及区域内文物分布基本情况，评估文物价值并分析项目实施对文物造成的影响，制定文物抢救保护处理措施。

（三）工作程序与内容

可行性研究阶段，由建设单位组织开展文物调查勘探评估工作，结合项目所在地文物主管部门对文物调查勘探评估的行政许可，委托有相应资质的文物调查勘探评估单位开展文物考古调查勘探评估。文物调查勘探评估报告由土地管理部门组织向项目所在地文物主管部门报批工作。可行性研究报告编制单位应将文物调查勘探评估报告及审批意见提出的文物抢救保护措施及工程量纳入建设项目可行性研究报告，并在投资估算中单列文物抢救保护措施工程量及投资。在可行性研究报告审批前，原则上应完成文物调查勘探评估报告的审批工作。

第三章 组织管理

一、组织结构形式

油气田地面工程建设项目组织结构形式主要有三种：职能式、项目式和矩阵式。

（一）职能式

职能式项目组织形式是指项目任务是以企业中现有的职能部门作为承担任务的主体来完成的。一个项目可能是由某一个职能部门负责完成，也可能是由多个职能部门共同完成。因此，各职能部门之间与项目相关的协调工作需在职能部门主管这一层次上进行。其结构形式如图 3-1 所示。

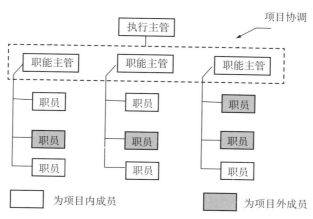

图 3-1 职能式组织结构示意图

职能式组织形式适宜于规模较小、以工艺技术改造为重点的老油气田改造工程项目或系统工程项目，不适宜规模比较大、时间限制性强或要求对变化快速响应的项目。

1. 职能式组织结构的优点

（1）在人员的使用上具有较大的灵活性。

（2）技术专家可以同时被不同的项目使用。

（3）同一部门的专业人员在一起易于交流知识和经验。

（4）当有人员离开项目组织时，职能部门可作为保持项目技术连续性的基础。

2. 职能式组织结构的缺点

（1）职能部门有自己的日常工作，参建单位不是活动和关系的焦点，所以项目及参建单位的利益往往得不到优先考虑。

（2）没有人承担项目的全部责任。

（3）对参建单位要求的响应迟缓、艰难。

（4）调配给项目的人员，其积极性往往不是很高。

（5）当项目需由多个部门共同完成时，各职能部门往往会更注重本部门的工作领域，而忽视整个项目的目标，跨部门之间的沟通比较困难。

（6）当项目需由多个部门共同完成，而一个职能部门内部又涉及多个项目时，这些项目在资源使用的优先权上可能会产生冲突，职能部门主管通常难以把握项目间的平衡。

（二）项目式

项目式项目组织形式是指项目组直接接受上级的领导，各项目组之间是相对独立的，其组织结构形式如图 3-2 所示。

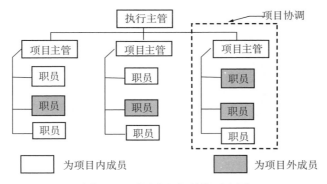

图 3-2　项目式组织结构示意图

项目式组织在油气田地面建设项目中比较少，主要是用于包含多个相似项目的单位以及长期的、大型的、重要的和复杂的项目。

1. 项目式组织结构的优点

（1）目标明确，便于统一指挥。项目式组织是基于某项目而组建的，圆满完成项目任务是项目组织的首要目标，而每个项目成员的责任及目标也是通过对项目总目标的分解而获得的。项目成员只受项目经理的领导，便于统一指挥。

（2）有利于项目管理。项目式组织按项目划分资源，项目经理在项目范围内具有控制权，命令协调，决策速度快，有利于项目时间、费用、质量和安全等目标的管理和控制，有利于项目目标的实现。

2. 项目式组织结构的缺点

（1）资源独占，可能造成资源浪费。

（2）临时项目结束后，项目成员可能存在工作保障问题。

（3）各部门之间的横向联系少。

（三）矩阵式

油气田地面建设项目组织大多属于强矩阵式组织形式。

这种组织形式中资源均由职能部门所有和控制，项目经理根据需要向职能部门借用资源。项目组织是一个临时性组织，一旦项目完成，项目组解体。项目经理向项目管理部门经理或总经理负责。项目经理领导本项目的所有人员，通过项目管理职能，协调各职能部门安排的人员以完成项目任务。其结构形式如图 3–3 所示。

1. 矩阵式组织形式的优点

（1）能够做到以项目为关注焦点。

（2）能够避免资源重置。

（3）对参建单位要求的响应快捷、灵活。

（4）项目人员有职能归属，项目完成后能返回到原职能部门。

（5）通过项目经理使各自项目目标平衡、各个功能部门之间工作协调以及项目目标具有可见性。

2. 矩阵式组织形式的缺点

（1）项目管理人员为两个以上部门的主管，当有冲突时，可能处于两难困境；处理不好会出现责任不明确、争抢功劳的现象。

（2）职能组织与项目组织之间的平衡需要持续地进行监督，以防止双方互相削弱对方。

（3）每个项目都是独立进行的，易产生重复性劳动。

矩阵式组织适用于需要利用多个职能部门的资源而且技术相对复杂的项目。

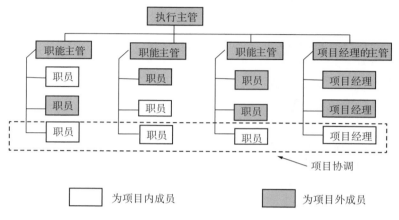

图 3-3　强矩阵式组织结构示意图

职能式、项目式或是矩阵式项目组织形式都有其优点、缺点和适用范围，没有一种形式是适合于所有场合。在项目的组织设计中要根据项目的具体情况来决定项目的组织形式。同时，为适应不同阶段的项目管理，需要对项目组织不断加以改进和完善。项目组织结构形式对项目影响的分析表见表 3-1。

表 3-1　项目组织结构形式对项目的影响

组织形式	职能式	项目式	强矩阵式
项目经理权限	较少	很高或全权	从中等到大
全职人员，%	较少	85 ～ 100	50 ～ 95
项目经理投入项目时间	兼职 / 全职	全职	全职
职能人员投入项目时间	兼职 / 全职	全职	兼职 / 全职

二、业主项目部

（一）业主项目部的组建

股份公司内审批的项目，应在可行性研究报告批复后组建业主项目部。

实行核准制或备案制的项目，在申请报告获核准或备案材料备案后，获准同意开展项目前期工作的同时就应组建业主项目部。建设单位组织实施的项目，由建设单位组建业主项目部，并授权其负责项目管理。项目经理部应在项目建设单位的上级主管部门领导下组建。

股份公司实行项目管理人员职业资格制度，业主项目部经理、副经理和主要专业负责人必须熟悉国家、股份公司关于基本建设的方针、政策和法律法规，熟悉与基本建设有关的规定，具备相应专业任职资格和专业背景，经培训后方可上岗。各油气田公司在组建业主项目部时，应充实一定比例的具有油气田地面建设管理经验的专业人员。

业主项目部岗位设置参照图 3-4。

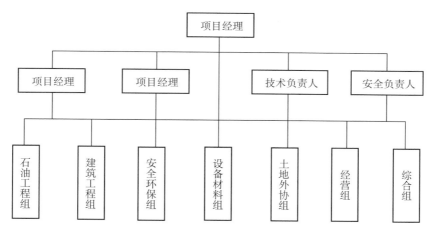

图 3-4　业主项目部组织结构示意图

（二）项目组织结构的调整优化

为保证项目的顺利进行，对项目的组织结构不要轻易进行调整，但在一些特殊条件下，对确实需要调整的要及时调整，以免影响后续项目工作的完成。

1. 组织机构调整优化的原因

（1）项目主客观条件发生变化。

（2）项目正常运行本身使项目管理的内容出现改变。

（3）时间证明原组织结构方案不适合项目的开展。

2. 项目组织重组原则

在项目组织重组时首先要遵循项目组织设计原则，即工作整体效率原则、用户至上原则、权职一致原则、协作与分工统一原则、跨度与层次合理原则以及具体灵活原则；其次还要把握以下几点：

（1）尽可能保持项目工作的连续性。

（2）避免因人调整组织设置。

（3）维护参建单位利益。

（4）处理好调整的时机问题。

（5）新组织一定要克服原组织下需解决的问题。

第二节　管理职责

油气田地面建设项目管理分四个层次：集团公司、勘探与生产公司、油气田公司（建设单位）以及业主项目部。

一、集团公司及其相关部门职责

集团公司工程建设项目领导小组负责组织制定集团公司工程建设项目管理办法和相关政策，统筹协调工程建设实施过程中的重大事项。领导小组办公室设在集团公司规划计划部，负责落实领导小组各项决定，督促相关部门和专业分公司履行项目管理相关职责。

集团公司相关部门主要包括规划计划部、物资采购管理部、安全环保与节能部、质量与标准管理部、法律事务部等，这些部门按照权限和职能分工履行项目管理和监督职责。

（一）规划计划部职责

（1）组织制定公司规划计划管理工作相关政策、制度和办法。

（2）负责公司规划管理和发展战略研究，组织编制公司总体发展规划及中长期业务发展规划。

（3）负责编制公司年度业务发展与投资计划，下达年度投资计划及调整计划，检查考核计划执行情况。

（4）归口管理投资项目前期工作，负责权限内投资项目立项、评估论证、报批手续办理。

（5）负责集团公司工程造价及定额管理，组织制定、定期发布经济评价参数和投资估算、概算指标，归口管理石油工程造价管理中心。

（6）负责投资项目后评价管理，组织典型项目后评价。

（7）归口管理综合统计信息工作。

（8）负责公司所属工程咨询、勘察、设计和建筑业等企业资质管理，受国家质检总局委托，负责特种设备（压力管道、压力容器）设计许可鉴定评审。

（9）负责国家核准项目建设用地预审报批工作。

（二）物资采购管理部职责

（1）组织编制集团公司、股份公司物资装备采购与电子商务、电子销售业务发展战略、规划和业务计划，纳入集团公司、股份公司规划计划管理。

（2）制定集团公司、股份公司物资装备采购与电子商务、电子销售业务等方面管理制度、办法和规定，并组织实施。

（3）负责提出集团公司、股份公司物资装备采购与电子商务的年度经费预算。

（4）负责归口管理集团公司、股份公司物资装备采购业务。

（5）负责归口管理集团公司、股份公司电子销售业务。

（6）负责统一物资装备采购信息平台的应用及运行管理。

（7）负责归口统一管理集团公司、股份公司物资装备采购供应商；归口管理集团公司、股份公司物资装备采购与电子商务数据统计，规范统计标准和方法等。

（三）安全环保与节能部职责

（1）制定集团公司、股份公司有关安全、消防、环保、节能、职业卫生等方面的管理办法、规划和计划，负责督导、检查企业安全生产、环境保护、健康责任制的实施，制定相关考核指标并监督企业执行。

（2）负责组织建立和完善HSE管理体系并指导企业实施，组织年度审核。

（3）负责组织调查、处理重大以上安全和环保事故，组织协调、处理安全、环保等方面的重大争议和纠纷。

（4）组织对企业重点耗能耗水设备、装置、系统的监测，督导企业进行节能节水技术改造。

（5）负责锅炉、压力容器、压力管道等特种设备的安全监督。

（6）负责国际业务的HSE指导，负责劳动防护工作的指导监督。

（7）负责安保基金的管理、理赔、使用等相关业务。

（8）负责安全生产费用使用情况的监督管理。

（9）负责组织健康监察、安全生产监察、海上安全监督、环境监测、消防和交通安全检查。

（10）负责指导、监督重点工程建设项目的安全、环保、节能、职业病防治等项工作的评价评估、审查论证和验收工作。

（11）负责安全、环保、节能等项工作的统计、考核、科研、培训工作及相关人员资质管理。

（四）质量与标准管理部职责

（1）制定集团公司、股份公司有关质量、计量、标准化、建设工程质量监督等方面的管理办法、规划和计划，制定相关考核指标并监督企业执行。

（2）指导企业开展全面质量管理，开展质量体系、产品认证和重大装备及产品的驻厂监造。

（3）负责组织制定、发布、宣贯集团公司企业标准体系和企业标准，以及国家标准、行业标准的立项、制（修）订工作。

（4）承担国家和行业标准化技术委员会秘书处、国际标准化技术委员会国内技术归口单位的日常工作。

（5）负责组织建立集团公司、股份公司石油专用计量器具量值溯源体系，制定计量技术规范。

（6）负责工程建设项目质量的综合管理与监督，归口管理石油天然气工程质量监督总站和各监督站。

（7）归口管理中国质量协会石油分会，承担中国计量协会石油分会秘书处的日常工作。

（8）负责组织实施产品质量认可制度和监督抽查制度。

（9）负责组织预防及调查、处理重大质量事故，组织协调、处理质量方面的重大争议和纠纷。

（10）负责质量、计量、标准化、建设工程质量监督等项工作的统计、信息、科研、培训工作等。

（五）法律事务部职责

（1）负责重大经营决策的法律论证，对重大项目提供法律支持和服务。

（2）管理法律授权业务，指导和监督所属单位在法律授权范围内开展工作。

（3）管理公司合同，参与重大项目合同谈判、起草或审查，审查总部机关和集团公司未上市企业、股份公司地区公司提交的合同、协议，负责所属单位合同综合管理工作。

（4）管理纠纷案件，组织处理有关诉讼、仲裁案件，协调上市与未上市企业间发生的法律纠纷。

（5）管理工商登记业务，组织并指导所属单位办理经营单位设立、变更、注销等业务。

（6）管理公司规章制度，编制规章制度规划和年度计划，组织重要规章制度起草论证，审核规章制度草案，负责规章制度综合管理工作。

（7）承办公司、证券法律事务。处理合资合作、企业合并分立、清算破产等公司法律事务和担保、资产转让、投资购并、关联交易等重大经济活动中涉及的法律事务。处理资本市场监管和运作中出现的法律问题。

（8）处理有关知识产权、行政许可、矿业权、土地使用权等权属管理和质量、安全、环保、劳动用工、"两反一保"（反倾销、反补贴、保障措施）等业务中的法律事务。

（9）指导和管理所属单位法律工作，组织开展法律宣传教育，加强法律风险防范控制和化解工作，全面推进依法治企。

二、勘探与生产公司及其相关部门职责

勘探与生产公司主要履行以下职责：

（1）贯彻落实国家、行业和集团公司有关工程建设法律法规、规章制度及标准规范。

（2）负责权限范围内项目（预）可行性研究工作组织、项目可行性研究报告审批、项目初步设计审批及专项技术方案审批。

（3）组织、指导、监督建设单位办理专项评价和核准、备案手续并获取所需支持性文件。

（4）初审提前采购计划，审查引进设备技术方案、引进设备清单，审批或会签权限内招标方案、招标结果和可不招标事项。

（5）制定并监督落实油气田地面建设项目开工报告管理规定，审批（或委托审批）权限范围内项目总体部署及开工报告。

（6）指导、监督项目质量、健康安全环保（HSE）、进度、投资和风险控制等工作。

（7）组织（或委托）审查和审批权限范围内或指定项目的试运行投产方案，负责协调落实试运行投产所需资源。

（8）制定并监督落实油气田地面建设项目竣工验收规定，组织权限范围内项目竣工验收。

（9）集团公司总部授权管理的其他事项。

勘探与生产公司相关部门主要包括地面建设管理处、计划处、质量安全环保处等，各部门主要职责如下：

（一）地面建设管理处职责

（1）负责审查重点油田地面工程建设的油气集输及系统配套工程的总方案、重点油气田（区块）地面建设工程和有关对外合作区块的地面工程初步设计，油气田开发方案中地面工程部分的设计等，控制油气田开发地面建设项目投资。

（2）负责组织、协调油气田开发建设地面工程的前期准备工作。参与地面建设的中长期规划和年度计划的编制工作。

（3）负责组织油田伴生气集输、轻烃回收和综合利用方案的编制和审查。

（4）负责油气田地面工程建设及地面系统的日常管理，做好投资、工期、质量的控制和系统的优化运行、节能降耗、安全生产、降低生产操作成本的工作。

（5）负责组织油气田产能建设地面工程项目的实施管理、重点工程项目开工报告审查、重点工程竣工验收等工作。

（6）负责油气田地面工程建设市场管理和承包商准入，监督、审查重点工程建设项目的招投标工作。

（7）负责组织编制老油气田地面工程技术改造规划和年度计划。组织重大油气田技术改造项目的方案论证和审查，统筹、协调老油气田改造与新区块建设的地面工程。配合勘探开发一体化做好地面工程的相关工作。

（8）负责提出油气田地面工程科技项目的初步立项和项目实施过程管理，协助科技信息处做好科技项目的中期检查和成果验收。负责地面工程计算机软件及信息系统的开发应用。

（9）负责油气田地面工程的新技术的应用和科技成果推广以及关键技术、重大设备配置和引进的审查工作。完成领导临时交办的其他各项工作。

（10）组织有关油气田地面工程建设有关规定、标准、规范的修订和完善。

（11）负责勘探与生产公司内各工程建设质量监督站的业务指导和技术培训工作。

（二）计划处职责

（1）负责公司的中长期规划和年度计划管理工作。

（2）负责组织编制公司中长期规划、年度计划和调整计划；组织与规划、计划有关的专题研究。

（3）负责组织对各地区公司中长期规划、年度计划建议方案的审查；统一归口中长期规划和年度计划的上报与下达。

（4）负责投资项目的归口管理工作。负责组织需股份公司规划计划部审批项目的审查、上报；参与其他勘探开发投资项目的勘探部署、开发概念设计、总体开发方案、可研报告、初步设计审查；负责项目的投资估（概）算、经济评价部审查。

（5）负责项目的立项批复工作；参与组织投资项目的竣工验收、后评价等管理工作。

（6）负责技术设备（含计算机软硬件）引进的归口管理工作。根据年度投资计划，配合有关处室审定油气田公司上报的技术设备引进项目，统一办理引进手续。

（7）负责公司的月度投资拨款计划编制工作。根据年度投资计划，结合投资项目实施进展情况，配合有关处室编制月度投资拨款计划。

（8）负责公司规划计划系统业务的归口管理。加强与股份公司规划计划部的业务联系，指导地区公司规划计划管理工作。

（9）负责制定有关规划计划管理办法和规定，规范有关的方法、标准、软件和参数。

（10）负责对地区公司执行规划计划的情况进行检查和监督，参与对各地区公司计划指标的考核。

（三）质量安全环保处职责

（1）贯彻国家和股份公司有关质量、健康、安全、环保、标准、计量、节能、节水等方面的法律法规和方针政策，并参与制定有关规章制度、考核指标。

（2）负责组织建立公司的 HSE 管理体系，指导地区公司实施质量和健康、安全与环境的体系管理。

（3）负责组织公司重大新改扩建项目的劳动安全卫生预评价和环境评价，

参与这些项目的设计审查和竣工验收。

（4）负责提出公司质量、健康、安全、环保、标准、计量、节能、节水等方面的科技项目立项初步建议，以及项目实施过程管理，协助科技信息部搞好科技项目的中期检查和成果验收。

（5）负责组织对进入公司产品质量的监督抽查；参与与工程质量有关队伍的准入审查和各类工程质量的检查、抽查及验收；配合政府和股份公司有关部门对特重大质量事故进行调查和处理。

（6）负责对地区公司安全生产过程、执行国家环保法规情况和计量工作监督管理，督促重大事故隐患的预防和整改，重点污染源的限期治理达标，配合有关部门对特重大生产事故和环境污染事故进行调查和处理；会同有关部门管理安全保险基金的使用。

（7）负责组织油气交接计量设施的技术方案审查与竣工验收；组织地区公司建立最高计量标准和二级计量标准；组织制定外销油气计量交接协议；仲裁内部的或参与调解外部的油气计量纠纷。

（8）负责宣贯与公司有关的国家标准、行业标准和企业标准；组织制定公司企业标准的年度制修订计划并监督执行。

（9）负责组织质量、健康、安全、环保、标准、计量、节能、节水等方面的技术改造、新技术推广应用，以及统计、分析、研究工作和有关信息管理。

（10）参与工程建设项目的节能论证、可行性研究和初步设计"节能篇"的审查及竣工验收工作。

（11）负责质量、健康、安全、环保、标准、计量、节能、节水等方面的技术培训与交流。

三、油气田公司职责

（1）贯彻落实国家、行业和集团公司有关工程建设法律法规、规章制度及标准规范。

（2）组织编报项目（预）可行性研究报告，审批四类项目可行性研究报告，负责办理项目专项评价报告并获取核准、备案项目所需的支持性文件。

（3）负责提出项目管理模式，组建业主项目部。

（4）组织编制项目基础设计（初步设计），审批四类项目基础设计（初步设计），组织详细设计（施工图设计）审查及设计交底。

（5）负责权限内物资采购、服务采购、招标组织和合同签订，以及权限外的报批工作。

（6）组织编制项目总体部署、开工报告，办理项目工程质量监督申报手续，审批权限内项目总体部署和开工报告。

（7）负责项目质量、HSE、进度、投资和风险等管理与监督。

（8）编制项目试运行投产方案，审批权限内项目试运行投产方案，负责项目试运行投产组织和指挥。

（9）负责项目文件资料收集、整理和归档工作。

（10）组织权限内项目初步验收、竣工验收工作。

（11）集团公司总部、专业分公司授权管理的其他事项。

上述各管理部门的职责要根据机构及职能调整及时更新。

四、业主项目部及其主要岗位职责

（一）业主项目部主要职责

（1）负责组织或参与建设工程的初步设计、施工图设计及相关审查工作。

（2）负责组织建设项目中土地征借和外部协调工作、安全评价、劳动安全卫生评价、消防建审和地质灾害评价等的报审工作。

（3）负责项目的招投标工作，组织编制招投标方案、评标标准、项目标书等有关文件并开展招标工作；经授权与中标方签订合同。

（4）负责项目的工程开工、工程施工、投产试运、工程结算、竣工验收等工程建设的管理，对建设工期、工程质量、工程投资、安全环保以及工程所用材料、设备的采购等全面控制与管理。

（5）履行甲方管理职责，做好项目实施过程中各项监督检查工作，确保工程项目在工期、质量、投资、安全环保等方面达到合同要求。对不合格的工程有权决定返工、停工。

（6）负责对建设工程项目中乙方预算的初审查、工程拨款与结算以及奖罚管理。

（7）业主项目部对项目建设单位负责，与组织管理层签订项目目标管理责任书，接受建设单位上级有关职能部门的管理和监督、考核。

项目经理是项目管理的第一责任人，根据项目管理目标责任书的要求开展工作。

（二）业主项目部其他主要岗位职责

业主项目部的其他主要岗位包括副项目经理、技术负责人、质量负责人、安全负责人等，根据需要业主项目部可下设以下专业组：

建设工程安装组：负责石油工程建设管理工作，包括编制工程计划（进度、质量等）、承包商管理、设计现场、施工技术管理、工程变更管理、建设过程控制、工程资料管理、工程量计量管理、组织完工交接、编写投运方案等。

建筑道桥组：负责建筑道桥工程建设管理工作，包括编制工程计划（进度、质量等）、承包商管理、设计现场、施工技术管理、工程变更管理、建设过程控制、工程资料管理、工程量计量管理、组织完工交接、编写投运方案等。

安全环保组：负责地面建设项目安全环保、车辆交通安全管理和项目应急管理等工作。

设备材料组：负责物资计划编制上报、采购、催缴催运、入库（进场）验收、仓储、发放、核销、统计结算等工作，负责物资采购合同办理、协调处理物资使用过程中出现的质量问题等。

土地外协组：负责项目建设土地征借、外部关系协调、对外事务以及相关手续报批等工作。

经营组：负责计划、财务、结算、合同、投资控制、招投标、谈判、管理费用预算及控制、内控管理等工作。

综合组：负责媒体宣传、汇报材料撰写、办会、办文、接待、资料归档、车辆管理及调度等工作。

第三节　总体部署

一、编制依据

（1）国家或股份公司批准的可行性研究报告和初步设计文件。

（2）项目实际。

二、编制范围

新建及改扩建重点油气田地面建设工程项目。

三、编制与报批

建设项目总体部署经业主项目部组织设计、施工、监理、质量监督、物资采购、生产准备等单位（也可以是这些单位已经组建的项目部）于初步设计批准后 20 日内共同编制完成，经批准后实施。工程建设过程中工期、质量、投资等指标的调整，须按程序报批。报批程序见图 3-5。

图 3-5 建设项目总体部署编制与报批程序

四、编制内容

《油气田地面工程建设项目总体部署内容纲要》主要包括前言、总论、设计管理、物资采购管理、工程管理、生产准备及试运投产、竣工验收、外事管理、建设资金管理等内容。

（一）前言

阐述编制依据、目的、原则及需要说明的重大问题。

（二）总论

1. 工程概况

（1）建设依据：国家或股份公司批准的可行性研究报告等批准立项文件。

（2）建设目的和意义：对股份公司的经济意义和对国家、地方的社会意义。

（3）工程现场条件：地理位置、气象条件、工程及水文地质、水电气来源、交通运输条件以及社会依托条件等。

（4）环境影响及保护：主要污染源、污染程度、控制指标以及治理、监测措施等。

（5）主要建设内容、主要实物工程量及技术经济指标。

（6）工程建设特点：包括建设组织、设计、施工、环境和社会依托等方面。

2．指导思想及管理目标

（1）工程建设的指导思想。

（2）以工期、质量、投资、安全、环保等控制指标为主要内容的管理目标。

3．项目管理机构

（1）项目管理机构资质审批情况。

（2）项目管理机构的组织形式及职责划分。

（3）项目管理机构目标管理及风险抵押承包制落实情况。

4．工期管理

（1）工期安排原则的说明。

（2）工期安排及运行达标。

（3）保证工期的措施。

5．质量管理

（1）工程质量目标及质量保证体系。

（2）质量控制措施。

6．投资管理

按批准概算控制投资的目标及措施。

7．安全管理

（1）设计保证安全的主要措施。

（2）现场施工保证安全的主要措施。

（3）试运投产保证安全的主要措施。

8．外部条件

工程建设中需要地方和有关部门协调解决的重大问题。

（三）设计管理

1．概况

（1）可行性研究报告审批情况。

（2）设计单位选择原则和设计分工情况。

（3）初步设计审批情况，与可行性研究报告相比有哪些重大变化。

（4）设计特点简述。

（5）设计工作进度。

2. 管理

（1）对设计文件的质量、进度的要求及保证措施。

（2）项目经理部提供的基础设计数据及设备订货过程中厂家返回的基础资料准确性、及时性的措施。

（3）组织初步设计预审及施工图设计交底、图纸会审、设计现场服务的措施。

（4）对技术谈判、设计合同及设计拿总院的管理措施。

（5）设计控制投资及保证概算准确性的措施。

（6）控制设计变更的措施。

（四）物资采购管理

1. 概况

（1）概述本工程物资采购总量。

（2）材料设备的引进工程量。

（3）根据工期安排和关键控制点简述并列表说明主要设备及三材的计划交货时间。

2. 管理

（1）物资采购的工作程序网络。

（2）采取"货比三家"、招标择优订货的措施。

（3）合同签订和执行过程中保证工期的措施。

①材料设备到货与工程衔接的保证措施。

②按照工程进度要求，对长周期及关键设备订货的组织和管理措施。

③配套供应的组织管理及协调措施（包括设备的图纸资料、大型设备分期到货的配套供应、专用工具的配套供应、设备配件及辅助材料的配套、工程使用材料的配套等）。

（4）合同签订和执行过程中保证订货质量的措施。

（5）合同签订和执行过程中控制投资的措施。

①设备及大宗材料按概算控制投资的措施。

②按工程进度优化到货时间的措施。

（6）控制投资、保证质量和工期的责任及激励措施。

（7）其他。

3. 接、保、检、运

（1）材料设备检验。

①检验机构设置及职责。

②检验工作程序。

③检验工作制度（包括对关键及特殊要求的材料设备进行复验以及驻厂监造制度等）。

④检验采用的技术标准。

（2）材料设备的运输、接受和保管。

①材料设备运输、接受和保管的管理措施（包括引进供货合同与接、保、运的衔接措施）。

②超限大件汇总说明并列表。

③超限大件运输指挥系统及职能、工作程序。

④超限大件运输主要措施。

⑤特殊材料设备接收及保管措施。

（五）工程管理

1. 施工任务落实

（1）施工任务特点及主要实物工程量。

（2）施工队伍选择原则及主要实施意见。

（3）施工任务落实情况。

2. 进度计划

（1）施工总体计划编制原则、部署意见、管理目标及关键控制点。

（2）施工总体进度计划网络图。

（3）建安施工力量需用计划。

3. 重大技术措施

（1）工程施工难点、新工艺、新技术、新材料及特殊施工要求所采取的重大技术措施。

（2）特殊施工机械的需求及解决方案。

（3）冬雨季、高温等环境下的施工措施。

4. 施工总平面图

（1）施工现场总平面布置原则。

（2）施工现场总平面布置图。

（3）施工平面管理和现场文明施工管理措施。

5.施工质量管理

（1）质量管理方针和目标。

（2）质量保证体系、质量计划、控制要素与控制程序。

（3）工程质量监督的申报意见。

（4）工程检测任务的安排意见。

（5）办理与地方政府部门有关手续的安排意见（包括劳动、安全、消防、环保、工业卫生、技术监督、海关等）。

（6）制定施工质量奖惩办法的原则意见。

6.投资控制措施

（1）按建设顺序的要求，合理安排各单项工程进度及资金使用计划的措施。

（2）控制现场签证的措施。

（3）施工技术方案经济性优化的措施。

（4）控制投资的其他措施。

（六）生产准备及试运投产

1.生产准备

（1）组织结构及定员。

（2）人员培训及进场计划。

（3）生产提前介入设计、物资采购、施工安排。

（4）生产物资准备安排。

（5）控制生产准备费用的措施。

2.试运投产

（1）试运投产方案的编制。

（2）试运投产安排意见。

（七）竣工验收

竣工验收工作与工程建设同步的安排意见。

（八）外事管理

（1）引进工作程序。

（2）外方人员现场服务满足工程需要的措施。

（3）外文技术资料翻译与管理。

（九）建设资金管理

1. 概况

（1）概算总投资及其费用构成（注明单项工程概算投资）。

（2）分年度建设资金需用计划。

（3）建设资金来源及到位进度计划和措施。

2. 管理

（1）资金管理机构、人员编制及职责。

（2）资金管理工作程序。

（3）资金分解控制目标、责任人及措施。

第四章 勘察设计管理

第一节 勘察设计管理概述

一、勘察设计管理定义、阶段划分及范围

（一）勘察设计管理定义

勘察设计管理定义包括勘察、设计和勘察设计管理，见表4-1。

表4-1 勘察设计管理定义

名词	定义
勘察	是指根据油气田地面建设项目的需要，按照国家及行业有关法律法规和勘察标准规范的规定，通过对地面建设项目所涉及的地形、地貌、气象、水文、地质环境条件的测绘、勘探、原位测试及室内试验等，旨在查明、分析和评价项目建设场地、管道敷设沿途的地质环境特征、岩土工程、水文地质和气象等条件，编制勘察文件作为设计、施工的重要依据，并配合设计和现场施工，服务于项目建设全过程的活动
设计	是指把油气田地面建设项目从油气田开采设想、规划和计划通过图纸或文件等可视形式表达出来，以期望达到油气田企业预期经营目标的活动过程
勘察设计管理	是指油气田企业通过管理手段，解决项目在勘察、设计过程中存在的问题，尽可能使勘察设计在既定的预（概）算范围内，以最小的投资费用来实现油气开采经营目标的活动过程

（二）阶段划分及范围

勘察设计管理包括初步勘察设计管理和施工图勘察设计管理，管理范围见表4-2。

表 4-2　勘察设计管理阶段划分及范围

阶段划分	初步勘察设计管理	施工图勘察设计管理
管理范围	是指可研报告批复之后至初步设计批复结束，主要包括初步勘察、初步设计单位选商和初步勘察设计过程管理［建设规模、建设水平、工艺技术及工艺流程、站（厂）选址、线路路由、各专项评价响应、规划审批等］	是指初步设计批复之后至竣工验收结束，主要包括施工图勘察、施工图设计单位选商和勘察设计过程管理，施工、试运投产过程中的勘察设计服务和竣工验收阶段的勘察设计总结，以及勘察设计成果申报等

二、初步勘察概述

初步勘察阶段、范围及目的见表 4-3。

表 4-3　初步勘察阶段、范围及目的

项目	内　容
阶段	可行性勘察及选址勘察之后、详细勘察之前的勘察阶段
范围	范围主要包括对工程涉及的油气管道工程线路、隧道、穿越、跨越，各类厂、站、阀室、重要设备、大型储罐、坑池、塔架、管架等基础，油气田道路及公用工程等勘察内容
目的	满足初步设计要求的勘察，对拟通过或建设场地内的建（构）筑物所处地基的稳定性、工程地质、水文气象、周边（相邻）建（构）筑物和人居数分布等做出定量评价，为确定拟建管道线路路由、设计基础型式、地基处理、不良地质防治方案等提供足够的地质、水文、气象和测绘数据资料

三、初步设计概述

初步设计阶段、范围及目的见表 4-4。

表 4-4　初步设计阶段、范围及目的

项目	内　容
阶段	可行性研究之后、施工图设计之前的设计阶段
范围	根据可研批准报告、初步设计合同、设计任务书或有关文件的要求所做的具体建设方案的过程
目的	依据可行性研究确定的总体建设方案、建设规模，确定设计方案、关键设备选型、主要工程量，响应各专项评价意见及要求，完善安全、环保、职业卫生、消防、节能等措施，进一步细化投资，满足引进设备、长周期和主要设备材料的订货条件，满足编制施工图勘察、设计招标文件和编制施工图设计文件的需要

四、详细勘察设计概述

详细勘察设计定义、范围及目的见表4-5。

表4-5　详细勘察设计定义、范围及目的

项目	内　容
定义	施工图设计阶段的勘察通常称为详细勘察（简称"详勘"），主要以满足施工图设计要求为目的，是在初步勘察的基础上，对具体建（构）筑物地基或具体地质问题进行钻探，对拟通过或建设场地内的建（构）筑物所处地基稳定性和工程地质问题做出详细评价，详细查明拟建管道通过区域或建设用地区域水文气象和周边人居分布的真实情况
范围	施工图设计所涉及到的建（构）筑物、机柜、设备、储罐和容器等地基基础，管架、塔架及烟囱等高耸设施基础，管道穿（跨）越及特殊地段等
目的	在初步勘察基础上，进一步解决初步勘察工作中未查明的地质问题、勘察深度和详细、准确度不够等问题，为施工图设计和施工提供详细准确的工程地质、水文气象和人居分布等勘察资料

五、施工图设计概述

施工图设计定义、范围及目的见表4-6。

表4-6　施工图设计定义、范围及目的

项目	内　容
定义	施工图设计是以初步设计为依据，遵循初步设计批准的原则和范围，并对初步设计进一步细化、优化和完善，施工图设计是油气田工程建设实施阶段最重要的指导性文件，也是工程验收和结算的重要依据
范围	初步设计及概算批准的所有内容
目的	通过对初步设计进一步细化、优化和完善，达到充分实现设计意图，使设计更具有可实施性和操作性，满足设备材料采购、非标设备加工制造和现场安装的需要，有效指导施工作业和生产操作，降低施工过程和生产运行风险，方便生产操作与检维修，严格控制工程投资等目的

第二节　勘察管理

一、初步勘察管理

（一）勘察单位管理

一、二、三类项目，应选择具有工程勘察甲级资质的勘察单位承担项目勘察工作；对于工程地质和水文气象条件复杂或有特殊施工要求的重点项目，以及建设单位认为有必要的项目，应委托具备相应勘察资质，与建设、设计单位没有隶属关系的第三方勘察单位开展独立勘察工作。勘察单位应与地震、地灾、压覆矿产等专项评价相结合，提出合理的方案、防治措施建议。

建设单位可根据勘察难度、施工风险和工期安排等情况，选择项目开展隧道、大型穿越、跨越、重要地基处理、边坡治理等专项工程勘察、施工一体化的风险承包，控制项目投资。

（二）勘察文件编制管理

（1）勘察工作前，勘察单位应进行勘察前期准备工作。

勘察前期准备工作内容见表4-7。

表4-7　勘察前期准备工作内容

工作内容	提供人	接收人
明确项目组织机构及其职责，提出人力、物力资源配置方案	勘察单位	建设单位
全面收集项目通过或建设场地地形地貌、气象、水文、地质环境条件和人居分布情况，分析总结相邻地区已建成项目经验和教训，对比本项目的特点、难点和重点，提出针对性强、行之有效、可操作性的对策和措施		
对上阶段勘察成果文件及其审查意见进行研究，全面熟悉和了解上阶段勘察思路、原则和指导思想，保证项目勘察的延续性；如不同勘察阶段为不同的勘察单位所承担，上阶段勘察文件编制单位有义务对下阶段勘察单位进行技术交底，提供所收集的基础资料和勘察文件		
在对项目进行深入分析后，形成适合本项目实际情况的总体勘察思路，明确勘察的目的、任务和工作安排		
对于建设单位确定的重点地面建设项目，勘察单位还应按规范编制勘察工作大纲		

（2）勘察工作中，勘察单位应加强中间检查及验收工作。

勘察中间检查及验收工作内容见表4-8。

表4-8 勘察中间检查及验收工作内容

工作内容	检查方	被检查方
组织室外作业中间检查，重点检查勘察前期准备工作、资料收集、编录、取样、勘察方法的选择等，及时发现问题并采取措施进行纠正	建设单位	勘察单位
对钻探作业，应有勘察单位工程技术人员监督整个作业过程，并按一孔一图的原则，拍摄钻孔取心作业照片及岩心照片，同时按规范对钻孔进行封孔，封孔后须向建设单位提交封孔证明资料，并由封孔人签字、封孔单位盖章，作为勘察报告附件备查并存档；对于岩心、土样都应保留至验收通过后再处理		
在室外作业结束前，勘察单位技术负责人应对原始资料全面进行审定		

（3）勘察成果报告编制完成后，勘察单位应组织内部具有相应专业技术水平的注册岩土工程师对成果报告进行认真的审核、审查，提出修改意见，成果报告修改完善后由审查人签署确认，再将勘察报告及内审意见等成果附件按程序提交建设单位审查验收。

（4）勘察成果审查和验收。

勘察成果审查和验收工作内容见表4-9。

表4-9 勘察成果审查和验收工作内容

工作内容	检查方	被检查方
对于地质条件复杂或有特殊施工要求的重要项目，以及建设单位认为有异议或特别重要的项目，由建设单位组织审查	建设单位	勘察单位
由设计单位按照法律法规、标准规范对勘察文件是否满足设计要求进行审查，由建设单位按照勘察合同对勘察工作是否符合合同要求进行审查，对于不符合设计及合同要求的勘察文件，设计单位、建设单位应提出具体修改意见，并督促勘察单位修改勘察文件	建设单位设计单位	

二、详细勘察管理

（一）勘察单位管理

勘察单位管理工作内容见表4-10。

表 4-10　勘察单位管理工作内容

选商管理要求	工作内容
选商时间	应在工程建设项目初步设计及概算批复后，且建设资金计划已落实，方可开展详细勘察选商工作
资质要求	勘察单位资质应符合国家法律法规、国家及行业标准规范，以及集团公司、股份公司管理规定
准入条件	原则应在集团公司承包商准入网内选择，且准入证在年检有效期内，其准入范围符合拟参与的地面建设项目施工图勘察要求
选商方式	应按集团公司、股份公司和各油气田公司技术服务单位选商有关规定，通过招标或非招标方式开展地面建设项目施工图勘察单位选择
合同签订	通过招标或非招标方式选定勘察单位后，应按集团公司、股份公司和各油气田公司合同管理有关规定，及时签订施工图勘察技术服务合同。严禁事后合同

（二）勘察过程管理

1. 基本要求

根据施工图勘察合同的约定，按照国家及行业标准规范的要求，勘察单位应独立开展详细勘察测量工作，在初步设计阶段已取得勘察测量成果的基础上，进一步查明、分析和评价施工图设计所必需的项目建设场地、管道敷设沿线的地质环境特征、岩土工程、水文地质、气象条件和人居分布等情况，对于工程地质和水文地质条件复杂或有特殊施工要求，如油气输送管道的山体和水域隧道、河流定向钻穿越、跨越、大型储罐基础、重要设备基础、房屋建（构）筑物及高耸设施基础等应重点加强勘察工作。同时，勘察单位应结合地震、地灾、压覆矿产等专项评价，给设计提供合理的方案、防治措施意见或建议。

对于中小地面建设项目和单井油气产能建设项目，其施工图勘察测量宜在初步设计阶段进行初步勘察测量时一并完成，其初步勘察测量深度应达到详细勘察深度要求，完全满足施工图设计需要。

2. 勘察准备工作

（1）成立勘察项目组织机构，明确成员、分工与职责。

（2）编制勘察测量实施方案，明确人、财、物等资源配置方案，明确勘察的目的、任务和工作安排。对于重点油气田地面建设项目，勘察单位还应按规范编制详细勘察测量工作大纲。

（3）熟悉初步设计文件内容，了解项目建设场地选址、重要建（构）筑物及设备设施基础型式与要求、管道路由及穿（跨）越等。

（4）全面了解初步勘察测量成果文件，对建设项目通过的地形地貌、气象、水文、地质环境条件和人居分布情况，确定详细勘察测量重点和难点，制定针对性和可操作性强，科学、合理、经济的勘察测量方案。

3. 勘察工作实施

深入建设项目现场，按照勘察测量实施方案要求开展详细勘察测量工作，并详细、准确地记录各项勘察测量数据，对岩土勘察钻孔应按标准规范取心和拍照，并进行实验数据分析、测定，加强详勘中间成果检查及验收工作等。

4. 勘察文件编制

（1）勘察单位在现场工作结束后，应对收集的资料、记录的各项数据和实验报告等按勘察文件编制格式、内容和质量等要求，及时开展室内勘察文件编制工作。

（2）勘察成果报告编制完成后，勘察单位应组织内部具有相应专业技术水平的注册岩土工程师对成果报告进行认真的审核、审查，提出修改意见；修改完善后的勘察测量成果报告由审查人签署确认，再将勘察报告及内审意见等成果附件按程序提交建设单位审查验收。

5. 勘察文件审查和验收

（1）建设单位组织建设单位内部有关业务管理和专业技术人员、项目施工图设计单位，必要时可特邀专家或委托咨询评估公司，根据施工图勘察合同约定和有关国家法律法规、国家及行业标准规范要求对勘察文件进行审查，出具审查意见，并督促勘察单位修改勘察文件。

（2）勘察单位应按照建设单位出具的审查意见修改完善施工图勘察文件，并将修改完善且签署齐全的施工图勘察文件提交给建设单位。

6. 勘察文件的使用

（1）建设单位应根据施工图设计需要及时将施工图勘察测量文件提供给项目施工图设计单位，作为施工图设计的重要依据之一。

（2）施工图设计单位应充分利用勘察测量成果，认真落实勘察测量提出的意见或建议措施，不得擅自更改勘察测量结论和数据，对发现勘察测量文件中存在的问题或异议应及时向建设单位提出，由建设单位要求勘察单位予以澄清和明确。

7. 勘察服务要求

勘察单位在提交勘察测量文件后，应做好建设项目施工图设计配合和施工过程中的勘察测量交底与现场技术服务工作。

8. 勘察测量总结

建设项目完工，并经生产试运行和性能考核合格后，勘察测量单位应按照油气田地面建设项目竣工验收有关要求及时做好施工图勘察测量竣工总结，待竣工验收通过后及时提交建设单位归档。

第三节　初步设计管理

一、设计单位的选择

油气田地面建设项目初步设计应根据国家有关法律法规、集团公司和股份公司管理规定要求，选择集团公司承包商准入库中具有相应资质和良好业绩的单位承担。

二、初步设计质量管理

（1）初步设计应依据项目可行性研究报告批复的建设方案、技术路线和规模进行设计。直接编制初步设计（代可行性研究）的项目，应在初步设计文件中增加可行性研究的相关内容。

（2）初步设计应按"切合实际、安全适用、技术成熟、经济合理"的原则进行，初步设计的内容和深度应符合国家、行业的有关标准、规范和集团公司、股份公司、各油气田公司的有关规定。

（3）初步设计应响应可研阶段已开展的专项评价批复结论及建议，完善相应设计内容、开列工程量和投资概算。

三、初步设计进度管理

建设单位应按照设计策划安排，定期组织设计进度检查，做好设计与专项评价中间成果的衔接。重点项目可采用初步设计周报制度。

四、初步设计审批权限及程序管理

按照《中国石油天然气股份有限公司投资管理办法》的规定执行。

经批准的项目初步设计，其投资主体、资源市场、建设规模、场址选择、工艺技术、产品方案、概算投资等内容发生重大变化，或批准超过两年未开展实质性工作的，应按照审批权限重新报批或取消。

第四节　施工图设计管理

一、施工图设计原则

（1）坚持"先勘察、后设计、再施工"的基本建设程序。

（2）应对初步设计响应安全评价、环境影响评价等各专项评价情况进行复核，并细化和完善响应措施，符合"同时设计、同时施工、同时投入使用"的"三同时"要求。

（3）以初步设计及概算批复为依据，并对初步设计进行优化、细化和完善，以满足采购、施工和试运投产需要。

二、设计单位选择管理

设计单位选择管理内容见表4-11。

表4-11　设计单位选择管理内容

选择时间	应在工程建设项目初步设计及概算批复后，且建设资金计划已落实，方可开展施工图设计选商工作
资质要求及准入条件	施工图设计单位资质应符合国家法律法规，国家及行业标准规范及集团公司、股份公司管理规定，原则上应在集团公司承包商准入网内选择，其准入范围应符合拟参与的地面建设项目施工图设计要求
业绩要求	应有与拟参与建设项目类似成功业绩，业绩年限及数量应根据施工图设计的工艺技术复杂程度、是否采用"新工艺、新设备、新材料和新技术"等具体要求合理设定。对于高温、高压、高含有毒有害和工艺介质腐蚀性强、危害大的施工图设计，应提高业绩要求，以确保施工图设计质量、深度及可靠性需要

三、设备材料技术规格书管理

（一）编制原则

（1）符合国家及地方有关法律法规，国家及行业有关标准规范，以及公司有关管理规定。

（2）符合工程初步设计批复的范围、设计参数（压力、流量、温度和适用介质范围等）、规格型号及数量、材质、技术水平、使用年限和投资费用等。

（3）有标准化设计成果的，应符合标准化设计要求。

（4）设计参数、设计使用年限、适用介质范围等主要基础数据应齐全、准确。

（5）技术先进、成熟、可靠、经济、适用。

（二）编制要求

1. 编制依据

国家和地方相关法律法规，国家及行业相关标准规范，以及公司管理规定，初步设计文件。

2. 编制深度

应满足设备材料采购和加工制造要求；若因工程建设和生产实际需要，除通用技术条件外，可附加合理的技术要求。

3. 编制单位

设备材料技术规格书应委托有相应资质的单位进行编制，原则上应由项目设计单位负责编制。

4. 编审时间

引进和长周期设备材料技术规格书应在初步设计阶段完成编审工作，其他设备材料技术规格在初步设计批复后完成编审。

5. 编制主要内容要求

（1）一般应包括工程概况、通用技术（基本）要求、专用技术要求和数据单四部分内容，特殊情况下可根据具体工程项目需要进行适当调整。

（2）应标明关键条款（※）和重要条款（#），为编制招标文件的技术标书提供依据。

（三）审批管理

1. 审批管理原则

应坚持"先审查，后采购"的原则。未经审查批准和签署不全的设备材料技术规格书不得用于采购环节。

2. 审查管理程序

（1）设计单位编制完成技术规格书后，经内部审查合格后，将签署齐全的技术规格书（A版）提交建设单位审查。

（2）建设单位组织专业技术人员对技术规格书进行审查，并出具审查意见。

（3）编制单位应按建设单位审查意见修改完善技术规格书，并将签署齐全的技术规格书（O版）提交建设单位供设备材料采购使用。

3. 审查方式

为保证审查质量，宜以会议审查方式为主。负责审查的建设单位（项目管理部门）原则上应组织工程项目的设计、采购和生产（使用）等单位的相关专业技术人员进行审查。

对于涉及专业面广、技术难度大的设备材料技术规格书，为保证审查质量，可根据需要委托咨询公司或聘请专家进行审查。

（四）使用要求

（1）对集团公司、股份公司和各油气田公司已发布的技术标准和标准化技术成果，或各油气田公司已审查并发布实施的设备材料技术规格书，其适用范围满足建设项目要求，且设备材料技术规格书按已发布的文件要求执行的，可不再组织审查，但应经设计单位和建设单位确认。

（2）经审查批准的设备材料技术规格书不得随意修改。确需修改的，其修改内容应先经原设计（编制）单位书面认可，再报原审批单位（部门）批准后才能进行修改。

（3）设备材料技术规格书应由建设单位（项目管理部门）提供给采购单位（采购部门）用于设备材料采购，设计（编制）单位不应直接提供给采购单位（采购部门）用于设备材料采购。

四、施工图设计进度及质量管理

（一）进度管理

（1）对于大、中型地面工程项目，建设单位应根据各地面工程项目总体部署或实施计划安排确定的工期目标，制定合理的施工图设计进度管理目标和具体的施工图设计进度计划，其进度计划应至少包括项目名称、建设规模、工程投资、初步设计批复文号、主要工程量、建设项目负责人、项目专项评价完成情况、勘察项目负责人、设计项目负责人、勘察完成时间、施工图设计 A 版完成时间、建设单位审批时间、施工图设计 O 版完成时间等。

（2）建设单位根据本单位施工图设计管理规定，结合各工程项目实际情况制定切实可行的进度计划控制措施，主要包括根据已批准的项目施工图设计进度计划，确定进度管理的关键控制点，实时跟踪进度情况，分析进度偏差，及时纠偏等。

（二）质量管理

建设单位项目管理部门应根据各地面建设工程项目总体部署或实施计划安排确定工程质量管理目标，制定具体的施工图设计质量管理目标，其编制内容、深度应符合法律法规、标准规范，以及股份公司和各油气田公司等有关管理规定，并满足工程采购、设备材料加工制造、指导现场施工和试运投产需要。地面建设工程项目施工图设计的编制内容及范围原则上应与其初步设计及概算批复一致，对于与初步设计及概算批复的原则和范围不一致的，应履行相关变更手续并说明变化情况及理由。

五、施工图设计审查管理

（一）施工图设计审查流程

施工图设计审查流程如图 4-1 所示。

（二）施工图设计审查应具备的条件

（1）地面建设工程项目所需的相关专项评价报告及批复已完成。

（2）施工图设计所需的地方手续已办理完成。

（3）与地面工程交叉的公路、铁路、河流、电缆（光缆）、管道等穿

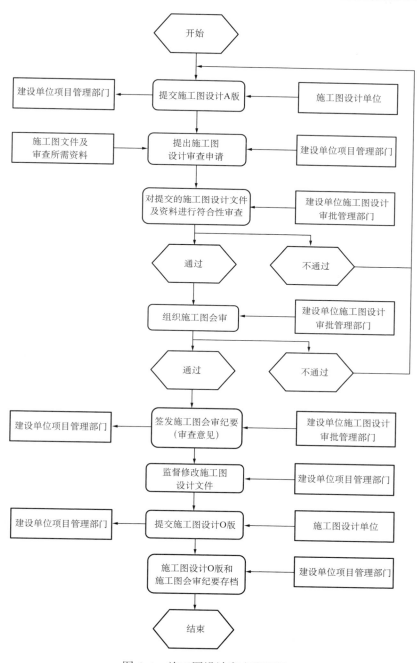

图 4-1　施工图设计审查流程图

（跨）越许可协议已取得。

（4）施工图详细勘察工作已完成，勘察单位已提交符合要求的工程地质勘察报告。

（5）施工图设计文件已按要求编制完成或分批编制完成，其设计质量和深度已达到审查条件。

（三）施工图设计审查需提交的主要资料

一般应提供但不限于以下资料：

（1）项目初步设计及概算批复文件，初步设计 O 版和审定的概算书。

（2）施工图设计文件（总说明、工艺流程图、工艺平面布置图、设备材料表、总平面布置图、建筑图等）。

（3）安全预评价、职业病危害、水土保持方案、地质灾害危险性评价、压覆矿产资源调查评价等专项评价报告及批文。

（4）线路路由规划红线、厂（站场、阀室等）选址批复文件。

（5）工程勘察报告。

（6）用水、用电、用地等意向性协议文件。

（7）公路、铁路、河流、电缆（光缆）、管道等穿（跨）越许可协议。

以上资料所需数量，由各建设单位根据施工图设计合同、工程项目性质和审查情况自行确定。

（四）施工图设计的主要审查内容

（1）是否符合国家有关工程建设的方针、政策、法律法规、各项技术标准规范和管理规定。

（2）是否符合工程初步设计批复的范围。

（3）设计的主要基础资料、数据是否齐全、准确。

（4）工艺流程、设备选型、材料选用、建筑结构、厂（站）选址、总图布置、基础型式、施工技术等是否合理。

（5）厂（站）、线路、穿（跨）越的土石方工作量是否与工程地质吻合。

（6）是否满足标准化设计要求。

（7）是否对各专项评价的响应措施进行细化和完善，具有针对性和可实施性。

（8）是否已落实对地方行政审批要求。

（9）是否已落实公路、铁路和河流等第三方穿越许可批复意见及措施要求。

（10）建设项目的综合利用、三废治理、环境保护、安全设施、职业卫生、节能、消防等是否符合有关标准规定，配套设施的外部协作条件是否落实。

（五）施工图设计的审查方式

1. 审查组织单位

施工图设计审查一般宜以会议方式进行审查，由建设单位主管部门或项目部组织建设单位所属有关部门、项目实施单位和生产单位，以及项目勘察、设计等单位人员召开会议进行审查。对于涉及专业面广、技术复杂、投资大的项目施工图设计审查，可委托咨询公司组织专家审查。

2. 参加审查专业要求

参加施工图设计审查会的专业应覆盖施工图所涉及的主要专业，对于涉及技术复杂、施工难度大或建设单位技术力量薄弱专业的施工图设计审查，可外聘技术专家参加施工图设计审查把关。

3. 审查意见形成过程

审查前，为确保施工图设计审查质量和深度，先踏勘工程现场，并根据需要进行专业分组讨论形成专业审查意见，最后由大会讨论形成施工图设计审查意见。

（六）施工图设计的批准

一般由建设单位施工图设计管理部门按照本单位施工图设计审批管理规定签发正式的施工图设计审查纪要（审查意见）作为施工图设计的批准文件。

对于工艺流程及系统复杂、工艺单元多的大、中型项目，若因施工图设计文件较多，设计周期长，为满足采购和施工需要，可根据需要分批、分阶段开展施工图设计审查和批准。

施工图设计单位应按照施工图设计批准文件进行修改、完善，并将设计修改情况及时回复建设单位（项目管理部门）。经建设单位（项目管理部门）对设计修改情况确认后，由设计单位出具 O 版施工图设计。

施工图设计未经审查批准和未按审查批准文件修改完善的，不得用于施工作业。

六、施工图设计交底管理

（一）施工图设计交底应具备的基本条件

（1）施工图设计审查批准并已提交完 O 版施工图设计文件。对分批审查的施工图应满足分批交底的要求。

（2）所涉及施工图设计交底的施工、检测和监理等单位已确定，并已充分熟悉施工图设计文件内容。

（3）工程现场已具备施工图设计交底的条件。

（二）施工图设计交底的要求

（1）建设单位（建设单位项目管理部门或建设项目管理机构）应组织勘察、设计、施工、检测和监理等单位参加。对于改、扩建工程，必要时可邀请有关生产单位人员参加施工图设计交底，说明原有生产设施布置及生产运行情况，以及与本工程改、扩建关系。

（2）一般情况下，为确保施工图设计交底质量和效果，施工图设计交底应在工程现场进行。

（3）施工图设计交底应突出设计重点、施工难点和关键环节。应针对工程施工重点、难点、主要技术要求、施工质量、安全、环保注意事项等重点部位和关键环节进行详细交底。

（4）施工图设计交底时，勘察、设计单位应对施工、检测、监理等参建单位就施工图勘察、设计提出的问题或疑惑进行认真、详细、准确解答。

（5）建设单位应负责对设计交底过程加强管理，确保设计交底的质量和效率，并按规定形成设计交底记录，经参会各方签认后跟踪落实和归档管理。

七、设计现场服务及回访管理

（一）设计现场服务的定义

设计现场服务是指设计单位自施工图设计O版交付后至工程试运投产结束阶段的施工现场服务，旨在及时协调、解决施工和试运投产过程中有关设计问题，确保工程质量、安全、环保和施工顺利进行，以及试运投产安全平稳而要求设计单位提供的及时服务和技术保障。

（二）设计现场服务的方式及范围

设计现场服务方式一般分为需要时到现场服务、现场常设设计代表和现场常设设计项目组三种方式。建设单位可根据各工程项目实际情况在设计合同中约定。

设计现场服务的范围应以设计合同约定为依据。

（三）设计现场服务管理的主要内容

（1）制定设计现场服务计划和监管措施。

（2）明确设计现场服务的范围、方式和程序。

（3）明确设计现场服务的组织机构形式、设置地点、主要专业设计人员任职资格、资源配备、信息报送和联络沟通方式等。

（4）负责对设计现场服务过程的监管、协调。

（5）负责对设计服务质量及效果的考核评价。

（四）设计回访

设计回访旨在及时向建设、施工和生产使用等单位了解地面工程设计在设备制造、材料加工、施工安装和生产试运等过程中的意见和要求，检验合同项目的设计质量和服务质量，总结设计经验教训，不断提高设计质量、服务质量和设计技术水平。一般采取现场回访方式，当现场回访有困难时，亦可采取信函等方式进行设计回访。

八、施工图设计创新成果管理

（一）施工图设计创新成果的归属

建设单位在施工图勘察、设计单位选商时，应明确地面建设工程项目勘察、设计的创新成果申报、知识产权归属及分配比例、甲乙方权利与义务等内容，并在施工图勘察、设计合同中以具体条款进行明确。

（二）施工图设计创新成果申报

施工图设计创新成果的申报应按《油气田设计单位管理工作指导意见》（油勘〔2009〕57号）和施工图勘察设计合同约定有关规定执行，原则上地面建设工程项目的优秀设计及创新成果，由项目设计单位报送建设单位，并经建设单位按规定报送参加相应优秀设计及创新评比。

第五节　勘察设计考评管理

一、考评依据

勘察、设计服务合同是作为考评勘察、设计单位的主要依据，在合同中应约定考评制度、办法及奖惩措施。

二、考评管理

建设单位应根据集团公司、股份公司和自身管理规定，制定地面工程建设项目勘察、设计考评管理制度。

（一）勘察、设计考评的主要内容

（1）勘察考评的主要内容宜包括但不限于以下内容：勘察单位资质、勘察项目组或团队（管理水平、勘察人员的任职资格、技术能力）、勘察进度、勘察报告质量、勘察资料及数据的准确性与真实性、勘察现场服务和勘察总结以及投资控制等。

（2）设计考评的主要内容宜包括但不限于以下内容：设计单位资质、设计项目组或团队（管理水平、设计人员的任职资格、技术能力）、设计进度、设计质量、设计审查意见的修改与完善情况、设计签署、设计交底、设计现场服务、设计资料报送、设计回访和设计总结以及投资控制等。

（三）考评方式

建设单位可在项目完工时对勘察、设计单位进行初考评，在项目竣工时对勘察、设计单位进行正式考评，并形成相应的考评结论。

三、考评结果处理

建设单位应根据工程勘察、设计合同约定和考评结果，对勘察、设计单位进行奖惩处理。

建设单位应按年度对考核结果进行通报，函告勘察、设计单位及相关管理部门，并将工程勘察、设计考评结果与勘察单位、设计单位准入管理和招投标管理相结合，择优选择。

原则上对于考核结果为合格的勘察、设计单位可推荐承担今后地面建设项目的勘察、设计工作；对于考核不合格的勘察、设计单位和人员不得承担后续其他地面建设项目的勘察、设计工作。

第六节　设计变更管理

一、设计变更的定义及分类

（一）设计变更定义

设计变更是指工程项目初步设计批准之日起至通过竣工验收正式交付使用之日止，对已批准的设计技术文件、初步设计文件或施工图设计文件所进行的修改、完善活动。

（二）设计变更分类

（1）按阶段划分：初步设计变更、施工图设计变更。

（2）按重要程度划分：重大设计变更、一般设计变更。

重大设计变更是指对建设规模、建设水平、总平面布置、主要工艺流程及功能、主要设备材料、线路路由、重要穿（跨）越等方面与原批复存在较大差异和重要调整，引起建设规模、建设水平、功能、工程量、工期和投资等发生较大变化。

一般设计变更是指除重大设计变更外的其他变更。

二、设计变更条件

（1）勘察资料不详尽，导致设计不准确甚至存在重大质量、安全问题或隐患。

（2）原设计与自然条件（含地质、水文、地形等）不符。

（3）设计文件中存在"错、漏、碰、缺"引用较大变化。

（4）因油气田开发或地面工程内外部条件变化（如开发方案调整、政策变化、法律法规和标准规范更新、地理条件和自然环境变化等）等要求引起的设计变更。

（5）为确保施工安全和环境保护，或节省占地、减少水土保护工作量、改善施工条件、降低施工难度等而进行的设计变更。

三、设计变更流程

设计变更的程序一般为：设计变更申请（提出）→设计变更必要性论证→设计变更委托（建设单位下达设计变更指令）→设计变更文件编制→设计变更文件审批→设计变更实施。

四、设计变更管理要求

建设单位应高度重视和加强设计变更管理，避免随意变更和擅自变更行为，做到确保工程质量、安全、环保、工期，严格控制工程投资。尽可能减少工程设计变更。一般应做到以下几点：

（1）建设单位做好设计变更必要性论证把关。必要时应组织勘察、设计、施工、监理和生产使用等有关单位人员进行讨论确定。

（2）对确需设计变更的，应及时向勘察、设计单位下达设计变更指令。设计单位在未接到建设单位设计变更指令前不得开展设计变更实质性工作。

（3）建设单位严把设计变更审批关。建设单位应对设计单位编制的设计变更文件及概算费用进行认真审查，严格把关后才能批准。对于重大设计变更审批应按股份公司和建设单位有关规定履行设计变更申报和审批程序。

（4）监督设计变更的实施。设计变更批准后，应严格按照设计变更要求实施，建设单位应做好实施过程的监管工作。

未经批准的设计变更不得实施。不得以设计联络单和施工变更或施工联络单代替设计变更，以规避设计变更审批程序。

（5）因工程应急抢险等紧急情况需对原设计进行变更，建设单位可组织设计、监理、施工等相关单位和部门进行现场办公确定设计变更方案后先行实施。但事后应及时按设计变更程序完善审批手续。抢险工程主要包括大型塌方、滑坡、泥石流等地质灾害、洪涝水毁灾害、火灾、隧道涌突水、结构工程严重破坏和第三方破坏等。

第七节　标准化设计管理

一、标准化设计的原则

标准化设计是根据不同类型油气田的特点，找出在设计、采购、建设和管理中的共性，然后对这些共性进行归纳总结，形成标准化并进行更大范围的拓广应用。标准化设计应遵循系统性、先进性、动态适应性等原则。

二、标准化设计的要求

（1）地面工程标准化设计应符合《油气田地面工程标准化设计文件体系编制规定》《油气田地面工程标准化设计技术规定》《油气田站场视觉形象标准化设计规定》《油气田地面工程数字化建设规定》《油气田生产作业区综合公寓标准化设计规定》《气藏型储气库地面工程标准化有关技术规定》《气藏型储气库集注站总平面布置及建筑标准化设计规定》《油气田地面工程一体化集成装置应用导则》《油气田地面工程标准化设计定型图　大中型站场、公用及辅助工程》《油气田大型厂站模块化建设导则》《油气田地面工程压缩机选用与运行维护工作指导意见》《油气田地面工程高效非标设备设计导则》《油气田地面集输 316L 双金属复合管工程应用导则》《天然气处理厂基础设计文件编制规定》《天然气处理厂详细设计编制规定》等的具体要求。

第五章　招标管理

油气田地面建设招标包括工程施工、物资采购和勘察、设计、监理、检测等工程服务招标。

第一节　招标方式和程序

一、招标方式

项目招标可分为公开招标、邀请招标两种方式，特殊条件下可不招标。具体招标方式选择见表5-1。

二、招标程序

油气田公司在可行性研究报告批复后，方可确定项目管理承包商（PMC）；在初设和概算批复后，方可确定工程总承包商（EPC）；承担项目可研报告编制和初设单位，原则上不得成为同一项目的工程总承包商（EPC），特殊情况应按投资管理权限报批；经批准，项目初设与工程总承包为同一承包商的，应在工程总承包合同中约定：由于工程总承包商原因，造成确定工程总承包合同价时的主要工程量大于实际工程量10%及以上的，项目业主在工程结算时应扣减超量部分的工程款。

项目招标程序如图5-1所示。

表5-1　集团公司项目招标方式选择表

公开招标	邀请招标	可不招标
以下项目必须进行招标： （1）国家法律法规规定、工程建设项目中必须依法进行招标的勘察、设计、施工、监理以及构成工程不可分割的组成部分且为实现工程基本功能所必需的设备材料等采购项目。 （2）单次采购估算额在200万元人民币及以上的其他工程、100万元人民币及以上的其他物资或服务采购项目。 （3）单次采购估算额低于上述（1）、（2）项规定的标准，但年度范围内同类项目总采购额在1000万元人民币及以上的其他采购项目。 （4）国家法律法规和集团公司规定的其他必须进行招标的项目。 除上述必须进行招标的项目外，所属企业可根据实际情况应当参照本单位应当参照招标程序进行采购的项目范围和规模	国家法律法规规定必须招标的项目，原则上应当公开招标。本手册规定必须招标的项目有下列情形之一的，可以进行邀请招标： （1）涉及国家安全、国家秘密、集团公司秘密而不适宜公开招标的。 （2）工程技术复杂、有特殊要求或者受自然地域环境限制，只有少量潜在投标人可供选择的。 （3）采用公开招标方式的费用占项目合同金额的比例过大的。 （4）国家法律法规，集团公司规定不宜公开招标的	本手册规定有下列情形之一的，按招标项目管理权限履行审批手续后，可不进行招标： （1）涉及国家安全、国家秘密而不适宜招标的。 （2）抢险、救灾等应急项目。 （3）利用扶贫资金要行以工代赈需要使用农民工的。 （4）需要采用不可替代专利或者专有技术的。 （5）所属企业依法能够自行建设、生产或者提供的。 （6）已通过招标方式选定的特许经营项目投资人依法能够自行建设、生产或者提供的。 （7）需要向原中标人采购工程、物资或者服务，否则将影响施工或者功能配套的。 （8）与原设备配套维修的部件或零件的。 （9）已通过集团公司集中采购招标并在有效期内的。 （10）集团公司战略合作承包商、供应商或服务商框架协议中对工程、物资或服务采购有明确约定的。 （11）国家和集团公司有特殊要求不宜招标的

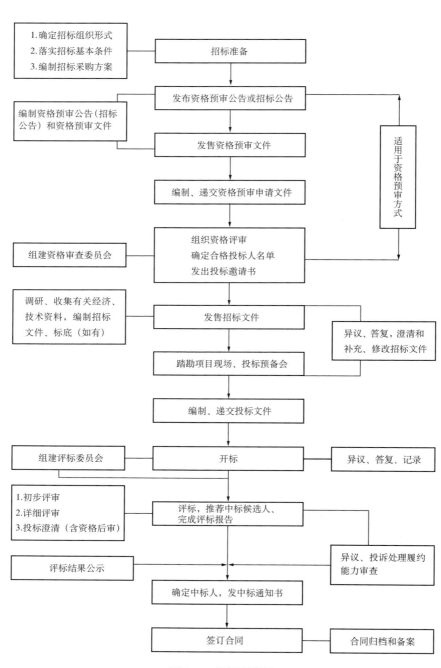

图 5-1　招标程序图

（一）招标准备

1. 确定招标组织形式

招标组织形式有两种：建设单位自行组织招标和委托代理机构组织招标，其必须具备的条件如下：

1）建设单位自行组织招标

（1）具有项目法人资格（或者法人资格）。

（2）具有与招标项目规模和复杂程度相适应的工程技术、概预算、财务和工程管理等方面的专业技术力量。

（3）有从事同类工程建设项目招标的经验。

（4）拥有 3 名以上取得招标职业资格的专职招标业务人员。

（5）熟悉和掌握招标投标法及有关法规规章。

2）工程招标代理机构组织招标

工程招标代理机构资格分为甲级、乙级和暂定级。其中甲级工程招标代理机构资格由国务院建设主管部门认定；乙级、暂定级工程招标代理机构资格由工商注册所在地的省、自治区、直辖市人民政府建设主管部门认定。招标代理机构必须具备以下条件：

（1）有从事招标代理业务的营业场所和相应资金。

（2）有能够编制招标文件和组织评标的相应专业力量。

（3）有符合招标投标法规定条件，可以作为评标委员会成员人选的技术、经济等方面的专家库。

集团公司实行招标专业机构认定制度，资格等级分为甲级和乙级，每年一季度组织开展招标专业机构认定审核工作，认定合格颁发资格等级证书，有效期三年。确需委托招标的，集团公司工程、物资、服务招标项目应当优先选择招标专业机构实施。招标专业机构不能满足需要的，按管理权限经招标管理部门批准可委托集团公司认可的招标代理机构实施。招标专业机构所具备的条件包括：

（1）有固定的工作场所和开展招标业务所需的设施及办公条件。

（2）有健全的组织机构和内部管理规章制度。

（3）具备编制招标文件和组织评标的相应专业力量。

（4）具备国家有关部门或集团公司有关规定的其他条件。

2. 编制招标方案

招标人应当组织编制招标方案。招标方案应当说明招标项目依据、招标数量、技术要求或技术方案、时间要求、估算金额、拟采用的招标方式和理由、评标及授标原则、评标委员会组建方案等。委托招标的，应当提出拟选择的招标专业机构；邀请招标的，应当列出拟邀请的潜在投标人名单及理由、产生方式等；提前招标的，应当附投资主管部门关于项目提前采购的批复文件。

（二）组织资格审查

招标人在投标前按照有关规定程序和要求公布资格预审公告和资格预审文件，对获取资格预审文件并递交资格预审申请文件的申请人组织资格审查，确定符合要求的潜在投标人。

采用邀请招标的项目，招标人可根据项目需要，对潜在投标人进行资格预审，并向通过资格审查的三个以上潜在投标人发出投标邀请书。

邀请招标拟邀请的承包商、供应商和服务商应当在集团公司相应的资源库中选择。

（三）编制发售招标文件

1. 编制招标文件

按照招标项目的特点和需求，调查收集有关技术、经济和市场情况，依据有关规定和标准文本编制招标文件，并可以根据有关规定报招标投标监督部门备案。

2. 发售招标文件

按照投标邀请书或招标公告规定的时间、地点发售招标文件。

3. 编制标底

招标人根据招标项目的技术经济特点和需要可以自主决定是否编制标底。为了防止串标、围标和低于成本价竞争，并为评标分析对比提供参考依据，可以根据招标采购项目的特点、要求、市场价格及竞争情况，依据招标文件和有关计价规定编制招标项目的标底。标底信息和编制过程应当保密。

为避免发生围标、抬标现象，招标人也可以编制并在招标文件中公布招标控制价（最高投标限价）或采购预算额，或者明确最高投标限价的计算方法。

（四）现场踏勘

招标人可以根据招标项目的特点和招标文件的约定，集体组织潜在投标人对项目实施现场的地形地质条件、周边和内部环境进行实地踏勘了解并介绍有关情况。潜在投标人应自行负责据此作出的判断和投标决策。

（五）投标预备会

招标人为了澄清、解答潜在投标人在阅读招标文件和现场踏勘后提出的疑问，按照招标文件规定时间组织投标预备会议。所有的澄清、解答均须以书面方式发给所有购买招标文件的潜在投标人，并属于招标文件的组成部分。招标人同时可以利用投标预备会对招标文件中有关重点、难点内容主动作出说明。

（六）编制递交投标文件

投标人在阅读招标文件中产生疑问和异议的可以按照招标文件约定的时间书面提出澄清要求，招标人应当及时书面答复澄清，对于投标文件编制有影响的，应根据影响的时间延长相应的投标截止时间。投标人或其他利害人如果对招标文件的内容有异议，应当在投标截止时间 10 天前向招标人提出。

潜在投标人应严格依据招标文件要求的格式和内容，编制、签署、装订、密封、标识投标文件，按照规定的时间、地点、方式递交投标文件，并根据招标文件规定的方式和金额提交投标保证金。

投标人在提交投标截止时间之前，可以撤回、补充或者修改已提交的投标文件。

（七）组建评标委员会

招标人应当在开标前依法组建评标委员会。依法必须进行招标的项目，评标委员会由招标人及其招标代理机构熟悉相关业务的代表和不少于成员总数 2/3 的技术、经济等方面的专家组成，成员人数为 5 人以上单数。依法必须进行招标的一般项目，评标专家可以从依法组建的评标专家库中随机抽取；特殊招标项目可以由招标人从评标专家库中或库外直接确定。

集团公司招标评审专家实行集团（股份）公司和油田公司两级管理，按照统一标准，建立招标评审专家库，实现资源共享、动态管理。

（八）开标

招标人及其招标代理机构应按招标文件规定的时间、地点主持开标，邀请所有投标人派代表参加，并通知监督部门，开标应如实记录全过程情况。除非招标文件或相关法律法规另有规定，否则投标人不参加开标会议并不影响投标文件的有效性。

（九）评标

评标由招标人依法组建的评标委员会负责。评标委员会应当充分熟悉、掌握招标项目的主要特点和需求，认真阅读研究招标文件及其相关技术资料、评标方法、因素和标准、主要合同条款、技术规范等，并按照初步评审、详细评审的先后步骤对投标文件进行分析、比较和评审，评审完成后，评标委员会应当向招标人提交书面评标报告并推荐中标候选人。

（十）中标

招标人在确定中标人后，对中标结果在中国石油招标投标网进行公示，时间不得少于3天。公示无异议后，招标人将工程招标、开标、评标、定评情况形成书面报告送招标投标监督机构备案。发出经招标投标监督机构备案的中标通知书。招标人确定中标人（或依据有关规定经核准、备案）后，向中标人发出中标通知书，同时将中标结果通知所有未中标的投标人。

（十一）签订合同

招标人与中标人应当自中标通知书发出之日起30日内，依据中标通知书、招标文件、投标文件中的合同构成文件签订合同。具体步骤见第六章《合同管理》。

第二节　招标分类管理

一、建设工程招标管理

（一）承包商准入及管理

1. 承包商分类、准入条件和管理权限

1）承包商分类

承包商分为承担工程建设的总承包商和咨询、勘察、设计、施工、监理、检测以及检维修等活动的承包商和服务商。

集团公司对承包商实行准入制度，并建立统一的承包商资源库。按照承包商的资质、资格及业务，分为一类承包商、二类承包商、三类承包商和检维修类承包商。

2）承包商准入条件

申请准入的承包商必须具备下列基本条件：

（1）具有独立法人资格和相应的资质、资格证明文件。

（2）具有国家有关部门、行业颁发的生产经营、安全生产许可证。

（3）建立并实施质量、环境、安全、职业健康管理体系且运行有效。

（4）近三年内未发生一般 A 级以上工业安全生产事故、严重环境事件和较大及以上质量事故。

（5）具有与资质、资格等级相适应的生产经营能力、良好业绩及社会信誉。

3）承包商管理权限

按准入类别划分承包商管理权限，见表 5–2。

表 5–2 集团公司准入分类及管理权限划分表

准入类别	准入条件	审批部门	使用范围
一类	满足准入基本条件且符合下列条件之一的可申请准入一类承包商： （1）具有工程咨询甲级资格的企业。 （2）具有勘察综合甲级资质的企业。 （3）具有工程设计行业甲级及以上资质的企业。 （4）具有施工总承包一级及以上资质的企业。 （5）具有监理专业甲级及以上资质的企业。 （6）具有无损检测专业承包一级资质或无损检测机构 A 级资格的企业。 （7）具有海洋石油工程专业承包一级资质的企业	集团公司工程建设承包商管理领导小组办公室	集团公司范围内使用
二类	满足准入基本条件，未取得一类承包商准入资格的可申请准入二类承包商	专业分公司	本专业范围内使用
三类	满足准入基本条件，未取得二类承包商准入资格且拟承接下列工程的可申请准入三类承包商： （1）集团公司三类及以下投资建设项目的工程勘察。 （2）市政公用工程、房屋建筑工程、电信工程、防腐保温工程。 （3）公路、铁路、水利水电、电力、港口和航道、消防、环保等有相关部门或行业管理的专业工程。 （4）土石方、场地平整、地面硬化、施工便道、围墙等临时性、辅助性工程	所属企业	本企业范围内使用

准入类别	准入条件	审批部门	使用范围
检维修类	满足准入基本条件，具备下列条件之一的可申请准入检维修类承包商： （1）提供生产设施、设备检维修服务的生产厂家。 （2）取得特种作业或检维修相关作业许可的法人组织。 （3）已获得一类、二类、三类承包商准入资格的承包商	所属企业	本企业范围内使用

2. 承包商准入程序

承包商准入程序如图 5-2 所示。

（1）集团公司每年第二季度开展一类、二类承包商准入工作，三类及检维修类承包商准入工作时间由所属企业自行确定。

（2）承包商准入证实行有效期制，准入证有效期为五年，期满后复审合格换发新证。准入证每年必须进行年审，无年审记录或年审不合格则准入证失效。

3. 承包商选择要求

（1）所属企业选择承包商应采用招标方式进行。按规定可不招标或不宜招标的，应采用竞争性谈判方式选择承包商。

（2）所属企业所选择的承包商应是准入资源库的承包商。

对于具有特殊施工工艺或专利技术要求、工程所在地政府有特殊规定以及公开招标的建设项目，不能在承包商资源库中选择承包商时，所属企业应按照承包商准入条件对拟选承包商严格审查，报专业分公司（或经授权的所属企业）审批，并将审批结果报领导小组办公室备案。

（3）下列工程项目建设的总承包商或主体工程承包商应由一类承包商承担；下列工程项目检维修的主体工程承包商应由取得检维修准入资格的一类、二类承包商承担：

① 原油稳定、天然气处理、联合站等油气田油气处理设施。

② 炼化生产装置、重要的系统工程。

③ 油气输送管道、液化天然气储运设施、大型油气储库。

对于上述所列建设项目，所属企业应按照管理权限将二类及以上招标项目的拟选承包商名单报总部相关部门或专业分公司审批，并将审批结果报领导小组办公室备案。

（4）经批准分包的项目，应选择资源库中的承包商作为分包商。

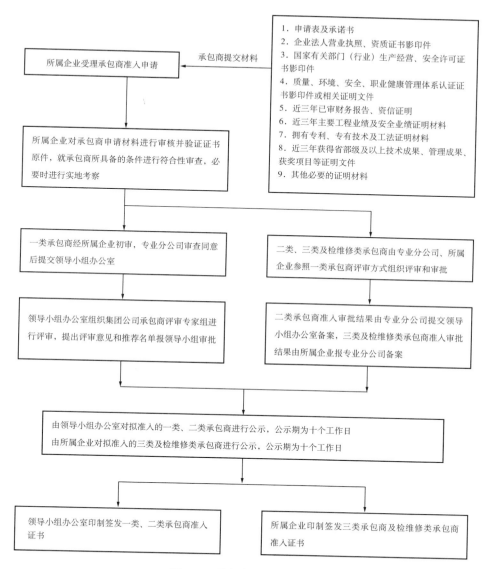

图 5-2 承包商准入程序图

4. 承包商评价管理

以某个承包商在某所属企业承担两个项目为例，所属企业对承包商进行评价的一般流程如图 5-3 所示。

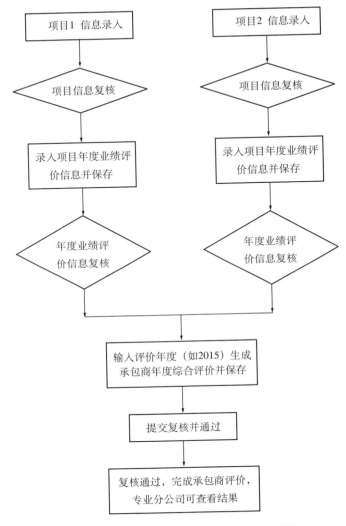

图 5-3 所属企业对承包商评价一般流程图

（1）集团公司对承包商管理实施年度评价制度。年度评价在每年一季度完成。

（2）承包商评价工作以承包商承担的建设项目及检维修项目为单元，由使用承包商的所属企业组织进行。

（3）承包商年度评价结果由评价单位负责录入承包商资源库，记入承包商诚信档案。对拟取消资源库准入资格及列入黑名单的承包商，由使用承包商的所属企业上报专业分公司及承包商管理领导小组办公室，领导小组办公室统一发布公告并履行相关手续。

（二）招标条件和流程

1. 项目招标必须具备的条件

（1）已列入集团公司年度投资计划或财务预算安排，初步设计及概算已批复，资金已经落实。初步设计批复前的提前招标项目，已获得投资主管部门关于项目提前采购的批复。

（2）招标所需的技术标准、设计图纸等技术文件已经确定。

2. 招标流程

建设工程招标流程见表5-3。

表5-3　集团公司建设工程招标流程表

工作流程	工作内容	责任人
第一步　招标申请，确定招标方式	审查是否具备招标条件；审查资金来源情况，确定招标方式；填写招标申请表	招标人
第二步　建设单位自行招标备案或委托代理招标	自行招标应到招标办备案，招标办审查是否符合条件，若条件不符合应委托有资质的招标代理单位代理招标	招标人
第三步　发布招标公告，发出资格预审文件或投标邀请书	公开招标的招标公告、邀请招标的投标邀请书，应当在中国石油招标投标网发布。其中依法必须招标项目的招标公告应当同步推送到中国采购与招标网 邀请招标拟邀请的承包商应当在集团公司准入资源库中选择	招标人或招标代理机构
第四步　接收投标报名，资格预审，确定合格的投标人，发放资格预审合格通知书	接收投标人报名，在招标公告报名时间结束及递交资格预审申请书截止时间后进行资格预审，确定合格投标人，发放资格预审合格通知书。资格预审文件，资格预审结果报招标办备案	招标人或招标代理机构
第五步　编制、发放招标文件	发放招标文件之日至停止出售不得少于5个工作日，自招标文件发出之日至开标时间不得少于20天。招标文件内容：投标须知、合同主要条款、投标文件格式、设计图纸、工程量清单、评标办法等；招标文件报招标办备案	招标人或招标代理机构
第六步　答疑、踏勘现场	包括对施工图纸、招标文件、现场踏勘提出的疑问解答，在提交投标文件截止时间前15天以书面形式送达所有投标人，同时报招标办备案	招标人或招标代理机构

工作流程	工作内容	责任人
第七步　编制标底	招标人设有标底的，应当依据国家规定的工程量计算规则及招标文件规定的计价方法和要求编制标底并在开标前保密。一个招标工程只能编制一个标底	招标人
第八步　编制、提交投标文件	投标文件内容：商务标、技术标，并在开标前提交投标保证金。有效投标人少于3个的应重新组织招标	投标人
第九步　组建评标委员会	开标当天，从评标专家库中抽取5人以上的单数评委专家组成评标委员会，其中技术、经济等方面的专家不得少于2/3	招标人或招标代理机构
第十步　开标、评标	开标在招标文件确定的提交投标文件截止时间的同时公开进行，开标地点为招标文件预先确定地点，评标过程在严格保密的情况下进行	招标人或招标代理机构
第十一步　编写书面评标报告	评标委员会向招标人提出书面评标报告，推荐中标候选人	评标委员会
第十二步　定标，确定中标人	依据评标委员会推荐的中标候选人，招标人确定中标人	招标人
第十三步　对中标候选人公示及投诉受理	确定中标人后将中标人的情况在中国石油招标投标网对中标候选人进行公示，公示期不得少于3日。在公示期内若有投诉按规定受理	招标人
第十四步　招标投标情况书面报告	依法招标的工程，招标人应当自确定中标人之日起16日内，向招标办提交招投标情况的书面报告，内容包括：①施工招投标的基本情况；②相关的文件资料	招标人或招标代理机构
第十五步　发出中标通知书	招标办自收到书面报告之日起10日内未通知招标人在招标活动中违法行为的，招标人可以向中标人发出中标通知书	招标人或招标代理机构
第十六步　签订合同	中标通知书发出之日起30日内订立书面合同，订立合同后中标人应将合同送招标办备案	招标人

二、物资招标管理

（一）供应商准入及管理

1. 供应商分类和准入条件

1）供应商分类

集团公司对物资供应商实行统一归口、两级管理，统一建立集团公司物资供应商库。集团公司物资采购管理部负责一级采购物资供应商管理，所属企业负责二级采购物资供应商管理。

2）供应商准入条件

申请准入的供应商必须具备下列基本条件：

（1）具有法人资格。

（2）具备国家和集团公司要求必须取得的质量、安全、环保以及其他生产经营资格。

（3）具有良好的商业信誉和业绩，近三年经营活动中无违法记录。

（4）具有完善的质量保证体系，近三年在国家、行业以及集团公司、地方政府质量监督检查中无不合格情况。

（5）集团公司要求具备的其他条件。

对重要、战略物资，选择、培育战略供应商，在互惠互利、共同发展的基础上，订立战略合作协议，保持长期稳定的战略合作关系。

提供经国家有关部门认可的新产品、节能环保型产品、具有自主知识产权产品的供应商和集团公司内部符合准入条件的生产企业，应当优先准入。

2. 供应商准入、效力及有效期

一级采购物资供应商准入由集团公司物资采购管理部组织招标或组织有关部门、专业分公司、使用单位评审确定，二级采购物资供应商准入由所属企业组织招标或评审确定。

一、二级采购物资供应商准入证由集团公司统一制作。一级采购物资供应商准入证由集团公司物资采购管理部发放，二级采购物资供应商准入证由所属企业发放。

一级采购物资供应商准入证在集团公司及所属企业范围内具有同等效力。

供应商准入证实行有效期制，准入证有效期为五年，期满后复审。复审合格的，换发新证；不合格的，准入证作废并收回，取消准入资格。

3. 物资采购

所属企业应当依据批准后的物资采购计划，按照规定程序实施采购。

物资采购原则上采用招标采购和网上采购方式。不符合招标和网上采购条件的可采用竞争性谈判采购、询价采购、单一来源采购等方式。

在同等条件下，优先采购经质检部门检测合格的节能环保型物资、集团公司内部自产物资、国产物资。

集团公司和所属企业工程建设项目所需物资，原则上由建设单位按权限负责采购。实行工程项目总承包的，依据合同约定执行。

4. 供应商评价管理

集团公司物资采购管理部和所属企业每年对供应商进行一次考评，考评内容包括交货数量、物资质量、合同履约、售后服务、诚信经营等。考评结果作为确定供应商准入证是否继续有效和供应商分等级管理的主要依据，并予以公布。

一级采购物资供应商由集团公司物资采购管理部组织有关部门、专业分公司和使用单位考评，二级采购物资供应商考评由所属企业组织，考评结果报集团公司物资采购管理部。具体考评流程由各所属企业结合自身情况制定。

（二）物资设备招标要求和流程

1. 招标采购条件和要求

主要包括以下三个方面：

（1）所属企业应当依据集团公司批准后的物资采购计划，按照规定程序实施采购。

（2）在同等条件下，优先采购经质检部门检测合格的节能环保型物资、集团公司内部自产物资、国产物资。

（3）集团公司和所属企业工程建设项目所需物资，原则上由建设单位按权限负责采购。实行工程项目总承包的，依据合同约定执行。

2. 物资设备招标流程

物资设备招标流程见表5-4。

表5-4 集团公司物资设备招标流程表

工作流程	工作内容	责任人
第一步 编制物资设备采购需求	编制物资采购需求，并上报物资需求建议计划	生产单位（业主项目部）
第二步 确定物资设备采购需求及招标方式	汇总物资需求建议计划；确定招标采购计划及招标方式；填写招标申请表	建设单位（物资管理部门）
第三步 建设单位自行招标备案或委托代理招标	自行招标应到招标办备案，招标办审查是否符合条件，若条件不符合应委托有资质的招标代理单位代理招标	招标人

续表

工作流程	工 作 内 容	责任人
第四步　发布招标公告，发出资格预审文件或投标邀请书	公开招标的招标公告、邀请招标的投标邀请书，应当在中国石油招标投标网发布。其中依法必须招标项目的招标公告应当同步推送到中国采购与招标网。 邀请招标拟邀请的供应商应当在集团公司物资供应商库中选择	招标人或招标代理机构
第五步　接收投标报名，资格预审，确定合格的投标人，发放资格预审合格通知书	接收投标人报名，在招标公告报名时间结束及递交资格预审申请书截止时间后进行资格预审，确定合格投标人，发放资格预审合格通知书。资格预审文件，资格预审结果报招标办备案	招标人或招标代理机构
第六步　编制、发放招标文件	发放招标文件之日至停止出售不得少于5个工作日，自招标文件发出之日至开标时间不得少于20天。招标文件内容：投标邀请书、投标人须知、投标文件格式、技术规格、参数及其他要求、评标标准和方法、合同主要条款等	招标人或招标代理机构
第七步　答疑	包括对施工图纸、招标文件提出的疑问解答，在提交投标文件截止时间前15天以书面形式送达所有投标人，同时报招标办备案	招标人或招标代理机构
第八步　编制标底	应当依据国家规定的工程量计算规则及招标文件规定的计价方法和要求编制标底并在开标前保密。一个招标工程只能编制一个标底	招标人
第九步　编制、提交投标文件	投标文件内容：商务标、技术标，并在开标前提交投标保证金。有效投标人少于3个的应重新组织招标	投标人
第十步　组建评标委员会	开标当天，从评标专家库中抽取5人以上的单数评委专家组成评标委员会，其中技术、经济等方面的专家不得少于2/3	招标人或招标代理机构
第十一步　开标、评标	开标在招标文件确定的提交投标文件截止时间的同时公开进行，开标地点为招标文件预先确定地点，评标过程在严格保密的情况下进行	招标人或招标代理机构
第十二步　编写书面评标报告	评标委员会向招标人提出书面评标报告，推荐中标候选人	评标委员会
第十三步　定标，确定中标人	依据评标委员会推荐的中标候选人，招标人确定中标人	招标人
第十四步　对中标候选人公示及投诉受理	确定中标人后将中标人的情况在中国石油招标投标网对中标候选人进行公示，公示期不得少于3日。在公示期内若有投诉按规定受理	招标人
第十五步　招标投标情况书面报告	依法招标的工程，招标人应当自确定中标人之日起16日内，向招标办提交招标投标情况的书面报告，内容包括：①招投标的基本情况；②相关的文件资料	招标人或招标代理机构

工作流程	工作内容	责任人
第十六步　发出中标通知书	招标办自收到书面报告之日起10日内未通知招标人在招标活动中违法行为的，招标人可以向中标人发出中标通知书	招标人或招标代理机构
第十七步　签订合同	中标通知书发出之日起30日内订立书面合同，订立合同后中标人应将合同送招标办备案	招标人

（三）材料招标及有关要求

建设工程材料采购属于必须招标的，执行物资设备招标所述的"招标""投标""开标、评标、中标"的有关规定和方法。

1. 划分合同包的基本原则

建设工程项目所需的各种物资应按实际需求时间分成几个阶段进行招标。每次招标时，可依据物资的性质只发一个合同包或分成几个合同包同时招标。投标的基本单位是包，投标人可以投一个或其中的几个包，但不能仅投一个包中的某几项。而且必须包括全部规格和数量供应的报价。

招标货物需要划分标包的，招标人应合理划分标包，确定各标包的交货期，并在招标文件中如实载明。

招标人允许中标人对非主体货物进行分包的，应当在招标文件中载明。

划分采购标和包的原则是，有利于吸引较多的投标人参加竞争以达到降低货物价格、保证供货时间和质量的目的。主要考虑的因素包括：

（1）有利于投标竞争。

按照标的物预计金额的大小，恰当地分标和分包。若一个包划分过大，中小供货商无力问津；反之，划分过小对有实力的供货商又缺少吸引力。

（2）工程进度与供货时间的关系。

分阶段招标的计划应以到货时间满足施工进度计划为条件，综合考虑制造周期、运输、仓储能力等因素。既不能延误施工的需要，也不应过早到货，以免支出过多保管费用及占用建设资金。

（3）市场供应情况。

项目建设需要大量建筑材料和设备，应合理预计市场价格的浮动影响，合理分阶段、分批采购。

（4）资金计划。

考虑建设资金的到位计划和周转计划，合理地进行分次采购招标。

2. 掌握材料信息，优选供货厂家

准确掌握材料质量、价格、供货能力的信息，优选供货厂家以确保工程质量，降低工程造价。材料订货时，采购方应要求厂方提供质量保证文件，用以表明提供的货物完全符合质量要求。质量保证文件的内容主要包括：供货总说明；产品合格证及技术说明书；质量检验证明；检测与试验者的资质证明；不合格品或质量问题处理的说明及证明；有关图纸及技术资料等。

3. 合理组织材料供应，确保施工正常进行

合理、科学地组织材料的采购、加工、储备、运输，建立严密的计划、调度体系以加快材料的周转。

4. 加强材料检查验收，严把材料质量关

（1）对用于工程的主要材料，进场时必须具备正式的出厂合格证和材质化验单。如不具备或对检验证明有怀疑时，应补做检验。

（2）工程中所有各种构件必须具有厂家批号和出厂合格证。钢筋混凝土和预应力钢筋混凝土构件均应按规定的方法进行抽样检验。由于运输、安装等原因出现的构件质量问题，应分析研究，经处理鉴定后方可使用。

（3）凡标志不清或认为质量有问题的材料、对质量保证资料有怀疑或与合同规定不符的一般材料、由于工程重要程度应进行一定比例试验的材料、需要进行追踪检验以控制和保证其质量的材料等均应进行抽检。对于进口的材料和重要工程或关键施工部位所用的材料，则应进行全部检验。

（4）材料质量抽样和检验的方法应符合《建筑材料质量标准与管理规程》，要能反映该批材料的质量性能。对于重要构件或非匀质的材料，还应酌情增加采样的数量。

（5）在现场配制的材料，如混凝土、砂浆、防水材料、防腐材料、绝缘材料、保温材料等配合比，应先提出试配要求，经试配检验合格后方可使用。

（6）对进口材料、设备应会同商检局检验，如核对凭证中发现问题，应取得供方和商检人员签署的商务记录，按期提出索赔。

（7）高压电缆、电压绝缘材料，要进行耐压试验。

5. 重视材料的使用认证，以防错用或使用不合格的材料

（1）对主要装饰材料及建筑配件，应在订货前要求厂家提供样品，查验是否符合设计要求。

（2）对材料性能、质量标准、适用范围和施工要求必须充分了解，以便慎重选择和使用材料。

（3）凡是用于重要结构、部位的材料，使用时必须仔细地核对、认证其

材料的品种、规格、型号、性能有无错误，是否适合工程特点和满足设计要求。

（4）新材料应用必须通过试验和鉴定，代用材料必须通过计算和充分的论证，并要符合结构构造的要求。

（5）不合格的材料不许用于工程中。有些不合格的材料，如过期、受潮的水泥是否降级使用，亦需结合工程的特点予以论证，但决不允许用于重要的工程或部位。

（四）进口机电产品招标要求及管理

1. 进口机电产品招标要求

（1）集团公司实行总部和所属企业两级集中进口采购。总部负责列入集团公司一级采购物资目录内及一次采购产品合同估算价格在50万美元及以上的进口采购；所属企业负责除总部管理范围以外的进口采购。

（2）总部进口采购由物资采购管理部授权集团公司内部具有对外贸易经营资格的机构代理采购，统一对外签订进口采购合同。

（3）由所属企业负责进口采购的，具有对外贸易经营资格的企业，可自行采购或委托授权进口采购机构代理采购；不具有对外贸易经营资格的企业，应委托授权进口采购机构代理采购。

2. 进口机电产品招标管理的特殊性

进口机电产品采购属于必须招标的，执行物资设备招标所述的"招标""投标""开标、评标、中标"的有关规定和方法。

（1）进口采购实行计划管理。所有进口采购必须依据集团公司下达的年度投资计划或财务预算安排编制采购计划。初步设计批复前的进口采购，需经投资主管部门批准。

（2）进口采购应优先采购向集团公司转让核心技术、与集团公司签订消化吸收再创新协议的供应商的产品。对技术含量高、工艺或技术方案复杂的大型或成套设备，进口采购前应制定引进消化吸收再创新方案。

（3）进口采购涉及的机电产品进口证件（包括《进口许可证》《进口自动许可证》，下同）和进口减免税手续统一报物资采购管理部办理，所属企业不得自行到其他地方办理。

（4）申办进口证件的，所属企业应通过书面和网上申请，经物资采购管理部审核后，按进口机电产品类别，由物资采购管理部直接办理或转报国家商务部办理。

（5）办理《国家鼓励发展的内外资项目确认书》的，所属企业应提出书面申请，经物资采购管理部审核后，报请国家发展和改革委员会进行减免税确认。所属单位凭国家发展和改革委员会批准的确认书，在当地海关办理减免税手续。

（6）办理特定地区进口物资减免税的，所属企业按集团公司财务资产部分配的减免税进口额度，填写审核汇总表、审核表和清单联，报物资采购管理部审核后，到所在地海关办理减免税手续。

（7）办理进口贴息资金的，所属企业应提出书面申请，报物资采购管理部。物资采购管理部会同财务资产部审核后，分别报送国家商务部和财政部。根据国家财政部审定的进口贴息资金，由集团公司财务资产部收拨。

三、工程总承包招标管理

工程总承包属于必须招标的，执行建设工程招标所述的"招标""投标""开标、评标、中标"的有关规定和方法。

（一）资质管理

鼓励具有工程勘察、设计或施工总承包资质的勘察、设计和施工企业，通过改造和重组，建立与工程总承包业务相适应的组织机构、项目管理体系，充实项目管理专业人员，提高融资能力，发展成为具有设计、采购、施工（施工管理）综合功能的工程公司，在其勘察、设计或施工总承包资质等级许可的工程项目范围内开展工程总承包业务。

工程勘察、设计、施工企业也可以组成联合体对工程项目进行联合总承包。

（二）业主选择总承包商的原则

（1）从事类似 EPC 工程总承包的经验以及履约信誉和知名度。
（2）技术能力。
（3）管理能力。
（4）财务能力和项目融资能力。
（5）高效率的内部组织。
（6）良好的团队精神。

（三）EPC 总承包招标程序

（1）资格预审。

（2）对技术标进行评审。

（3）技术标入围者投商务标。

（4）对商务标进行评审。

（5）对商务标报价除以技术标得分的结果进行排序。

（6）确定中标单位。

（四）招标文件中的"业主要求"

"业主要求"是 EPC 承包商投标的基本依据，是业主对项目总体目标的要求，它主要包括工作范围、质量要求以及技术标准要求等。

四、勘察招标管理

勘察属于必须招标的，执行建设工程招标所述的"招标""投标""开标、评标、中标"的有关规定。

（一）勘察招标的特点

如果仅委托勘察任务而无科研要求，委托工作大多属于用常规方法实施的内容。任务明确具体，可以在招标文件中给出任务的数量指标。

勘察任务可以单独发包给具有相应资质的勘察单位实施，也可以将其包括在设计招标任务中。

下列建设工程的勘察、设计，经有关主管部门批准可以直接发包：

（1）采用特定的专利或者专有技术的。

（2）建筑艺术造型有特殊要求的。

（3）国务院规定的其他建设工程的勘察、设计。

（二）勘察招标的基本条件

（1）具有经过有权审批的机关批准的设计任务书。

（2）具有规划建筑管理部门同意建设的用地范围许可文件。

（3）有符合要求的地形图。

（三）勘察招标文件的主要内容

（1）招标依据（即经批准的设计任务书及其他文件的复印件）。

（2）项目说明书（说明工程概况、勘察阶段，在详勘阶段招标时，要有建筑物或构筑物的结构类型、层数或高度、跨度、最大荷重、预计基础类型与埋深、特殊设备对下沉敏感性可能的影响，以及其他特殊要求等）。

（3）合同主要条款的要求。

（4）对中标单位提供的配合条件。

（5）招标方式和对投标单位资质的要求。

（6）组织踏勘工程现场和招标文件答疑的时间、地点。

（7）投标、开标、决标等活动的安排。

（8）其他应说明的事项。

五、设计招标管理

设计属于必须招标的，执行建设工程招标所述的"招标""投标""开标、评标、中标"的有关规定。

（一）设计发包要求

（1）发包方不得将建设工程勘察、设计业务发包给不具有相应勘察、设计资质等级的建设工程勘察、设计单位。

（2）发包方可以将整个建设工程的勘察、设计发包给一个勘察、设计单位，也可以将建设工程的勘察、设计分别发包给几个勘察、设计单位。

（3）除建设工程主体部分的勘察、设计外，经发包方书面同意，承包方可以将建设工程其他部分的勘察、设计再分包给其他具有相应资质等级的建设工程勘察、设计单位。

（二）设计发包形式

一般工程项目的设计分为初步设计和施工图设计。招标人应依据工程项目的具体特点决定发包的工作范围，可以采用设计全过程总发包的一次性招标，也可以选择分阶段或分项招标发包。

（三）设计招标文件内容

（1）投标须知。

（2）投标文件格式及主要合同条款。

（3）项目说明书，包括资金来源情况。

（4）勘察设计范围，对勘察设计的进度、阶段和深度要求。

（5）勘察设计基础资料。

（6）勘察设计费用支付方式，对未中标人是否给予补偿及补偿标准。

（7）投标报价要求。

（8）对投标人资格审查的标准。

（9）评标标准和方法。

（10）投标有效期。

（四）设计评标

设计评标应该首先考虑设计单位的能力和服务质量，对投标单位的业绩、信誉和勘察设计人员的能力进行考察。

勘察设计评标一般采取综合评估法进行。评标委员会应当按照招标文件确定的评标标准和方法，结合经批准的项目建议书、可行性研究报告或者上阶段设计批复文件，对投标人的业绩、信誉和勘察设计人员的能力以及勘察设计方案的优劣进行综合评定。

招标文件中没有规定的标准和方法，不得作为评标的依据。

六、建设监理招标管理

建设监理属于必须招标的，执行建设工程招标所述的"招标""投标""开标、评标、中标"的有关规定。

（一）委托监理的工作内容

委托监理的项目可以包括：项目前期立项咨询阶段、设计阶段、施工阶段和保修阶段的监理。委托工作的内容包括，在每一阶段内，进行投资、质量、工期的三大控制，及合同管理和协调有关单位间的关系。

（二）监理招标文件内容

（1）投标须知。

（2）合同条件。

（3）工程技术文件。

（4）投标文件的格式。

（5）其他事项。

（三）选择监理单位的原则和考虑因素

（1）具有相应级别资质证书的监理单位。

（2）监理机构的设置应能满足工程监理的需要。

（3）监理人员具有较高的素质和良好的业务技能。

（4）具有较丰富的工程施工经验、工程监理经验、项目管理经验。

（5）有良好的信誉和较好的监理业绩。

（6）合理的监理费用等。

七、无损检测招标管理

无损检测属于必须招标的，执行建设工程招标所述的"招标""投标""开标、评标、中标"的有关规定。有关要求如下：

（1）单位必须持有国家质量监督检验检疫总局颁发的中华人民共和国特种设备检验检测核准证（无损检测机构 C 级及以上），获准从事射线照相检测（RT）、超声波检测（UT）、磁粉检测（MT）、液体渗透检测（PT）等。

（2）持有省级及以上政府环境保护部门颁发的辐射安全许可证。

（3）持有有效的质量管理体系认证、环境管理体系认证、职业健康安全管理体系认证证书。

（4）拟派项目经理必须具有大专及以上文化程度和相应的项目管理经验，且具有二级建造师及以上执业资格。

（5）技术负责人持有国家质量监督检验检疫总局颁发的中华人民共和国特种设备检验检测人员证（无损检测人员），取得射线照相检测（RT）、超声波检测（UT）、磁粉检测（MT）、液体渗透检测（PT）高级（Ⅲ）四项资质之一的从业人员资格；持有特种设备检验检测人员执业注册证书。

（6）对应检测项目专业检测人员持有国家质量监督检验检疫总局颁发的中华人民共和国特种设备检验检测人员证（无损检测人员），取得对应检测项目专业中级及以上从业人员资格；持有特种设备检验检测人员执业注册证书。

第六章 合同管理

第一节 管理程序

一、合同的概念

按照国家及集团公司、股份公司相关规定，本手册所称合同是指集团公司、股份公司、油气田公司及其所属单位与其他法人、其他组织、自然人之间，以及所属单位相互之间设立、变更、终止民事权利义务关系的协议，包括合资企业章程、意向书、备忘录及其他文件。

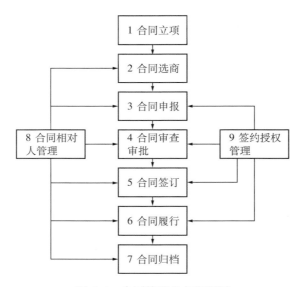

图 6-1 合同管理业务流程图

二、合同管理业务流程

合同管理业务流程如图 6-1 所示。

（一）合同立项

（1）建设单位合同承办部门组织合同谈判、起草、签订工作，处理合同相关事务是合同管理的责任主体。

（2）合同承办部门应在招标文件规定的时间内与中标人签订合同，不招标项目履行审批手续后通过谈判等方式确定条款并签订合同。

（3）订立合同应当做到主体、内容、形式合法，条款内容真实、准确、齐备，权利义务明晰、适当。合同中不得出现容易产生歧义或含混不清的条款，专门术语、专有词汇应当做出定义解释。

（二）合同选商

（1）建设单位订立合同应当按照选商、谈判、审查、授权或审批、签字盖章的程序进行。

（2）地面建设合同签约主体应当是法人或其依法办理登记的分支机构。机关部门或未依法办理登记的内设机构不得以其名义签订合同。

（3）选择合同相对人，应当严格按照市场准入条件和规定，通过比选和竞争方式进行。采取招标方式选择合同相对人的，应当严格按照招标的有关规定执行。

（三）合同申报

合同签订前，建设单位合同承办部门应当按照合同审查流程办理合同审查手续，向合同审查部门提交以下资料：

（1）合同文本。

（2）确定合同相对人的有关文件。

（3）合同相对人资信情况说明及相关资料。

（4）立项批复、可研批复、会议纪要、投资计划、预算文件及其他前置性批准文件。

（5）需要提供的尽职调查、风险评估等其他资料。

（四）合同审查审批

（1）合同审查流程由建设单位根据合同标的额、类别及复杂程度设定。

下列合同的审查流程可适当简化。

①所属单位之间签订的合同。

②关联交易合同。

③小额交易合同。

④使用建设单位提供的示范文本的合同。

⑤招投标过程中已进行商务、技术、法律审查，且招投标结果没有重大改变的合同。

⑥合同审查部门参与谈判、起草过程的合同。

（2）建设单位相关部门按照职责分工，分别对合同进行商务、技术、法律审查。

①规划计划部门主要审核投资项目合同是否符合股份公司发展规划、效益标准和投资方向指导目录，并已列入年度计划或已按有关规定获得批准；合同标的金额是否超过已下达计划或批准的总投资额。

②财务部门主要审核合同资金来源与使用，资产权属、用途、使用方式和动用审批手续，以及资金结算、款项支付方式等财务资产事项是否明确、具体，是否符合有关规定；融资类担保合同所涉及的担保条件、标的及金额与期限是否符合批准文件。

③预算部门主要审核支出类合同所支出资金是否列入年度预算、是否符合相关费用标准，或已按有关规定获得批准。

④资本运营部门组织审核控参股公司章程的治理结构设置，审核股权投资（包括境外股权收购）、股权转让及重组整合事项是否已按有关规定获得批准，以及上述事项所涉合同的交易安排是否符合相关批复。

⑤法律部门主要审核合同签约依据是否完备，合同条款是否合法合规、完整齐备，权利义务约定是否具体、明确，各审查部门的意见是否需要协调，并提出是否具备签约条件的审查意见。

⑥建设主管部门主要审核合同签约依据、选商、履约条件以及合同相对人资质、业绩、能力等是否满足工程需求。

⑦合同涉及其他业务主管部门和专业分公司相关业务的，按照其职责分工，对有关事项进行审查。

（3）合同金额超过1亿元的项目，应当在完成本单位审查后将合同文本及相关资料报送股份公司法律事务部。

（4）国家法律法规规定需报国家有关部门批准的合同，应当在合同签订后办理报批手续。

（五）合同签订

（1）合同经审查具备签署条件的应当及时签署；不具备签署条件的，由合同管理部门责成承办部门修订完善后报审。条款存在重大缺陷需要上级有关部门帮助或参与谈判的，有关部门应当予以支持。

（2）合同应当在交易发生前签订，不得先交易后签约。因抢险、抢修、救灾等紧急情形需要在签约前交易的，应当在紧急情形结束后及时补签合同，确认交易内容和后续责任。

（3）合同应当加盖合同专用章。特殊情况下需要使用行政公章的，按照相关规定办理。

（六）合同履行

（1）建设单位是合同履行的责任主体。其下属的合同执行单位包括：

①负责合同履行的合同承办部门。

②合同签订后实际承接合同履行工作的其他部门或单位。

（2）合同履行涉及的有关部门应当按照职责分工，协同做好合同履行工作，并对合同履行情况实施监督。

（3）合同执行单位负责全面履行合同，办理合同履行中有关授权、异常情况报告、索赔、实施证据和档案资料的收集管理等事项，协调处理合同履行中发生的问题。

（4）合同执行单位应当熟知合同内容，严格履行有关规定，加强合同履行管理，正确行使权利、履行义务，落实合同履行责任，确保合同全面履行、实际履行。

（5）合同签订后，合同承办部门应当在合同履行前向合同执行单位和人员进行合同交底，详细说明合同内容，提示合同风险，明确履行要求。

（6）依据总承包合同进行分包的，合同执行单位应当将总承包合同中约定的质量、进度、安全、环保等方面的责任和义务分解落实到分包商，并按照股份公司有关规定和合同约定监督其活动。

（7）发生以下情形之一，可能影响或改变合同权利义务关系的，合同执行单位应当及时向建设单位合同主管部门报告：

①出现不可抗力情形的。

②合同相对人分立、合并、解散的。

③合同相对人经营状况严重恶化，资质、许可等被撤销的。

④合同相对人未按照合同约定履行，可能影响合同目的实现的。

⑤合同相对人提出合同履行异议，可能产生合同纠纷的。

（8）发生（7）款规定的异常情形的，建设单位合同执行单位应当区分不同情况提出以下处理意见：

①变更或解除合同。

②行使不安抗辩权等权利。

③协商、仲裁或诉讼。

④其他救济方法。

（9）合同发生变更、解除的，合同执行单位应通过合同管理信息系统进行申报，按照原合同流程审查审批后，订立书面变更、解除协议，办理相应手续。

（10）合同终止前，合同执行单位应当做好尾款和税费结算、未决争议及其他事宜的处理，不得遗留未决事项。

（11）合同执行单位应当对合同相对人履行合同情况进行评价，并将评价结果录入合同管理信息系统。任何单位不得与履约记录不良的合同相对人签订合同。

（七）合同归档

合同执行单位应当及时收集、分类整理、妥善保管合同履行资料，并按档案管理规定存档。合同履行资料主要包括：

（1）合同订立和履行过程中形成的项目建议书、资信调查报告、可行性研究报告、备忘录、确认书、协议、批准书、担保书、委托书、公证书、来往电文、正式合同文本和相关审批资料。

（2）有关合同修改、补充、变更、中止、转让、解除和调解、仲裁等资料，以及合同履行过程中产生的货物进出口海关报关单副本、商品检验、付款凭证等有关凭证。

（3）档案管理部门和合同综合管理部门认为有必要保存的其他资料和证据。归档的合同文本及资料应当是原件。没有原件的应保存复印件，并附书面说明。

（八）合同相对人管理

（1）订立合同前，合同承办部门应当组织查验合同相对人的下列资料：

①证明合同相对人依法成立并存续的登记文件。

②相关资质证书及许可经营文件。

③法定代表人或负责人的身份证明文件，受托人的授权委托书。

④能够证明其履约能力的财务、经营业绩等资料。

⑤需要查验的其他资料，如市场准入证等。

（2）客户授信。合同执行单位提交客户授信的有关资料经相关部门审查，审批后，对该客户进行授信、降级或淘汰。

（九）签约授权管理

合同履行过程中应严格执行履行确认制度。明确专人作为签字代表签署确认文件。签字代表应当具备相应履职能力，严格按照制度要求和合同约定履行职责。工程和重大物资采购类合同，签字代表及其签字权限应当在合同中明确规定。签字代表或签字权限发生变化的，应当及时书面通知合同相对人。

四、油气田地面建设合同管理的其他要求

（1）合同管理部门在核实立项计划及投资后，按油气田地面建设项目招标文件中标通知书签订合同，凡无计划、资金不落实或未按规定进行招标的项目不签订合同。

（2）项目承包单位按程序办理签订手续。建设工程项目、勘察设计项目的承包方须持中标书在规定的时间内到合同管理部门办理合同签订手续，其他工程合同的签订须根据有关单位会签的委托书办理合同签订手续。

（3）合同管理部门在合同洽谈前必须对承建单位资质等级、经营、注册资金、法人授权委托书、代理人代理权限等进行复核，如有与审查结果不符或有违反国家规定，不得签订合同。

（4）严格执行限时办理制度，控制合同流转时限：

①合同申报。立项或选商后及时申报，一般应在合同履行起始日期20个工作日前完成。

②审查审批。合同审查审批时限，控制在10个工作日内，同一审查审批部门不得设置两个以上审查环节。

③修改回复。对于退回修改的合同，2个工作日内修改并回复。

④合同办理。合同审查审批完成后，合同当事人应当在10个工作日内办理完相关手续。

第二节　油气田地面建设合同示范文本

一、示范文本的编制

集团公司法律事务部组织编制并修订集团公司合同示范文本。所属单位可根据本单位生产经营实际，组织对示范文本进行细化。示范文本未覆盖的交易事项，可根据集团公司合同示范文本的体例、格式及有关要求，组织编制本单位合同示范文本。使用非示范文本的，应当事先征得合同综合管理部门同意。油气田地面工程建设合同文本，以集团公司发布并正在使用的合同示范文本为基础编制。

合同文本编制遵循以下原则：

（1）法律规定与项目实际相适应。通过合同条款将公司的生产经营实践和业务流程加以规范，使合同文本更加符合项目实际需要。

（2）通用性与针对性相统一。示范文本既满足共性需要，又尽可能增加合同针对性条款约定。

（3）原则性与操作性相结合。文本的通用条款一经确定，不应随意更改。需要特殊约定的个性条款，可根据项目实际情况进行细化。

（3）示范文本主要由合同文本及相关附件构成，使用中应注意文本的完整性和一致性。

（4）示范文本中关于词语定义的内容可根据实际情况添加。地区公司合同管理部门可根据需要组织对示范文本进行细化，并报集团公司／股份公司法律事务部备案。

涉及油气田地面建设的示范文本有：建设工程勘察合同、建设工程设计合同、建设工程委托监理合同、建设工程施工合同等。

二、地面建设标准合同文本（示范文本）

地面建设标准合同（示范文本）主要包括：

（1）建设工程勘察合同。

（2）建设工程设计合同（包括协议条款、合同条件、安全生产、环境保护合同、非煤矿山外包工程安全生产管理协议）。

（3）建设工程施工合同（包括协议条款、合同条件、安全生产、环境保护合同、工程质量保修协议书、非煤矿山外包工程安全生产管理协议）。

（4）委托监理合同（包括协议条款、合同条件、安全生产、环境保护合同、非煤矿山外包工程安全生产管理协议）。

（5）买卖合同（包括机电类、非机电类）。

第七章　开　工　管　理

开工管理是工程开工建设的关键性工作，是工程建设质量、安全、进度、投资等管理和控制目标顺利实现的基础。建设单位在工程开工前应确定项目实施计划及保证措施；落实选商及合同订立；完善工程施工现场的"三通一平"（水通、电通、路通、场地平整）及外部保障条件；组织相关交底工作和施工图会审；落实物资采购相关工作；确立HSE的目标并形成管理体系；核查参建各方责任主体开工准备情况并落实工作职责；及时进行工程质量监督申报注册；完成各项开工准备工作后及时办理开工手续。

第一节　工程开工前准备工作

建设单位应进一步明确项目管理机构的职责，并在投资计划下达后至工程开工前做好以下准备工作。

一、制定项目管理实施计划及保证措施

按照建设项目总体部署的内容及要求，结合工程建设实际特点，进一步调整和完善相关内容，落实各项管理指标实现的条件，制定项目实施计划及保证措施。

（1）明确质量、工期、投资以及安全、环保、工业卫生等控制指标，并制定和落实相应的措施。

（2）结合项目特点制定合理的建设工期以及施工图交付计划、物资采购计划和资金需求计划等，各项计划要与工程建设进度相衔接，保证总体目标的实现，并制定保证工期的主要措施。

（3）明确质量方针和目标，以及保证设计、施工、监理、物资采购、试运投产、生产准备等质量的主要措施。

（4）以批准的初步设计概算为依据，制定投资控制目标，编制各部门、各项工作、各工程项目和各单项工程的投资控制措施。

（5）落实水、电、交通、征地及拆迁等外部保证条件完成情况，以及国家对劳动、技术监督、环保、安全、消防等规定。

二、选商及合同订立

建设单位应按照中国石油天然气股份有限公司相关管理规定，完成选商。根据《中国石油天然气集团公司合同管理办法》完成合同签订。

三、三通一平

工程开工前，建设单位或委托施工单位完成施工现场临时供电、供水等相关工作，保证施工现场临时道路畅通，施工场地平整，达到"三通一平"的要求。施工单位搭建各种临时保障设施等，要符合安全文明施工相关管理规定。暂设（生活区、材料库、办公区）等临时用地，应向建设单位土地管理部门申请审批办理。

四、工作交底

工程开工前，建设单位应组织勘察设计单位、监理单位、施工单位以及质量监督部门进行各方工作交底，及时明确有关工作程序和要求。

（一）建设单位交底

建设单位应及时组织召开交底会议，各参建单位项目负责人组织本单位技术、质量、安全、信息管理等主要岗位负责人参加，由建设单位介绍工程情况、明确工作目标、划分工作界限、制定工作流程、确定工作内容、提出工作要求，相关单位应按照建设单位要求，落实相关工作。

（二）监理首次工地会议

建设单位组织召开首次监理工地会议，明确授权范围。监理单位应按照建设工程监理规范、工程建设质量验收规范和强制性标准条文，严格履行监理合同，依据工程施工工程承包合同进行合同监理，明确在施工阶段全过程对质量、进度、投资、安全文明施工等方面的控制内容，协调建设单位、承包单位之间与建设工程合同有关方面之间的联系活动，明确专业分工、落实工作责任、制定工作标准、采取有效措施，确保实现本工程的质量、进度、投资、安全等各方面的工作目标。

（三）设计交底

建设单位应组织勘察设计单位向施工、监理、检测等参建单位进行设计交底。由设计单位就施工图设计意图、设计内容、技术要求、HSE专篇及注意事项进行说明和解释，由设计单位整理设计交底纪要。

五、施工图会审

建设单位应组织项目的设计、施工、监理、检测等单位的有关人员在开工前进行施工图会审。

（1）施工图会审分专业会审和综合会审。专业会审应注意明确设计意图，详细查对图纸细节，找出问题并做好记录。综合会审在专业会审的基础上进行，是各专业之间的综合协调会审，重点是解决各专业施工图设计的交叉配合问题。会审组织单位与设计单位及有关专业人员协商后，确定处理意见，形成会审纪要。

（2）各参建单位应结合现场施工技术条件，审查实现设计意图的可行性，对施工图设计文件中存在的疑问和问题与设计单位达成一致意见，由施工单位整理图纸会审纪要和记录，并会签后下发。

（3）施工图会审应对消防、安全环保、职业卫生等设计内容进行审查。

六、物资采购

建设单位应及时组织上报物资采购计划，经物资管理部门审批后安排采购。采购工作按照《中国石油天然气集团公司一级采购物资授权集中采购实施办法》相关规定执行。

（1）工程所需物资采购应严格执行中国石油天然气集团（股份）公司市场管理规定和物资采购管理办法，不得擅自采购非准入产品，如需采购非准入产品，必须按有关规定报批。

（2）物资采购等都要依法签订合同，按合同规定确保供货质量、价格和供货期。合同签订后物资采购部门要及时将合同信息反馈项目经理部。

（3）采购的物资必须满足工程设计的技术要求，必要时需签订补充技术协议。在物资采购时不得擅自调整和修改工程设计的相关技术要求。

（4）项目经理部要在物资进场时，组织监理、施工、物资供应等相关单位人员进行物资入场验收，不符合物资采购合同和有关规范标准的物资不能通过验收，不允许未经验收和不合格的产品进入工程。

（5）项目经理部应组织对采购物资的规格、数量和技术条件进行审查，各类采购物资数量应控制在初步设计批复范围内。如系统工艺方案、主要设备选型发生重大变化，应上报原初步设计审批部门核实批准。

七、HSE 管理

工程开工前应确立 HSE 的目标和要求，形成项目的 HSE 管理体系。签订 HSE 合同，完成 HSE 培训工作，施工区域及临时暂设应满足 HSE 相关要求。

八、施工单位开工准备

开工前，建设单位应对施工单位的开工准备情况进行审查（表 7-1），并重点审查以下几方面工作：

表 7-1　施工单位开工条件审查项目

序号	审查内容	审查要求
1	工作策划文件编制情况	（1）施工管理制度健全。 （2）施工组织设计审批完
2	人员准备情况	（1）项目经理和其他主要施工管理人员已进场。 （2）管理人员资质符合施工合同规定。 （3）组织机构健全，人员分工明确。 （4）施工操作人员已进场，特种作业人员资质符合国家规定，工种和人员数量满足初步施工需要
3	机具准备情况	（1）主要施工机具已进场，性能良好，能够满足初步施工需要。 （2）检测工具检定手续齐全
4	材料准备情况	（1）主要材料已订货，部分材料已到货，满足连续施工需要。 （2）材料质量符合要求

序号	审查内容	审查要求
5	环境条件准备情况	（1）控制测量已完成。 （2）营地已建立，并通过验收。 （3）"三通一平"已完成
6	其他情况	（1）施工合同已签订。 （2）建设单位对人员的考核、培训已完成。 （3）设计交底和图纸会审已完成。 （4）单位工程施工组织设计已由建设单位代表签认。 （5）施工单位现场质量、安全生产管理体系已建立

（1）施工单位施工组织设计编制完成，并履行审批程序。对于危险性较大的工程，必须编制专项施工方案，并组织专家审查。

（2）施工单位配备的施工管理人员、特殊作业人员的资质和数量以及设备机具是否与投标文件、合同及批准的《施工组织设计》相符，若发生变化应报建设单位或授权项目经理部批准后方能实施。

（3）施工单位针对工程可能出现的紧急情况编制应急预案，应急预案应报监理单位和项目经理部备案。

九、监理单位开工准备

开工前，建设单位应对监理单位的开工准备情况进行重点审查（表7-2）。

（1）监理规划编制完成并履行审批程序。

（2）现场监理人员的数量、专业和设备配备必须满足工程建设需要，并符合国家监理规范的规定。

表7-2　监理单位开工条件审查项目

序号	审查内容	审查要求
1	工作策划文件编制情况	（1）监理工作制度齐全。 （2）监理规划审批完
2	人员准备情况	（1）项目总监和其他主要监理人员已进场。 （2）监理人员资质符合监理合同规定。 （3）组织机构健全，人员分工明确
3	机具准备情况	（1）主要检测工具齐全。 （2）检测工具检定手续齐全

续表

序号	审查内容	审查要求
4	环境条件准备情况	（1）营地已建立。 （2）通信设施齐全。 （3）监理内部培训已完成
5	其他情况	（1）监理合同已签订。 （2）建设单位对监理人员的考核、培训已完成

十、检测单位开工准备

建设单位要在工程开工前审查检测单位的开工准备工作，重点审查以下两方面内容：

（1）检测方案编制完成并履行审批程序。

（2）现场检测人员的数量、专业和设备配备必须满足工程建设需要，并符合国家相关规范和标准的规定。

十一、工程质量监督申报注册

建设单位在办理开工报告前，到监督机构办理监督注册手续，填写《工程质量监督注册申请书》，提交各项资料，经验审合格后，办理《工程质量监督注册证书》。

第二节　开工报告的办理条件及要求

一、开工报告办理条件

建设单位在完成开工前各项准备工作后，具备开工条件时，应及时向上级建设主管部门，申请办理工程开工报告。开工报告的审批，必须具备以下条件：

（1）项目初步设计及概算已经批复。

（2）工程的安全评价及环境影响评价已经批复。

（3）项目投资已经下达。

（4）已办理工程征（用）地、管道走向许可和供电、供水等相关协议，已办理消防建审手续。

（5）建设单位与施工单位（或 EPC 总承包单位）、监理和检测等单位已签订工程施工（或 EPC 总承包）、监理、检测合同及 HSE 合同。

（6）施工单位、监理单位已按程序成立项目经理部和项目监理部，人员具有相应的资质，专业人员配置满足项目需要。

（7）已办理工程质量监督注册手续。

（8）完成施工图图纸会审和设计交底，施工图发放满足开工需要。

（9）已经制定、落实建设项目实施总体部署、施工组织设计、质量保证计划、监理规划；工程施工、监理等参建单位进驻现场，施工机具运抵现场。

（10）已全部落实健康、安全、环境作业计划书、指导书等各项开工措施。

（11）工程物资已经进场，并报检验合格，数量能够满足连续施工的要求。

（12）施工现场实现水、电、路畅通，场地平整，达到"三通一平"的要求。

（13）满足法律法规规定的其他条件。

二、开工报告的要求

（1）开工报告由建设单位编制，报上级建设主管部门审批备案。

（2）工程开工前须办理开工报告，批复后三个月未开工的应申请延期，延期以两次为限，每次不超过三个月。在建工程因故中止施工的，建设单位应自中止施工之日起一个月内向上级建设主管部门报告，中止施工满一年的工程恢复施工前，需重新办理开工报告。

第八章　HSE 管理

对项目建设过程的健康、安全与环境三个要素的管理，缩写为项目 HSE 管理。项目 HSE 管理工作与项目前期同步启动，持续到项目建设完成。

第一节　概　述

一、HSE 管理责任

各参建单位应依法建立、健全本单位 HSE 生产责任制，组织制定本单位 HSE 生产规章制度和操作规程，履行 HSE 管理职责，并承担相应的管理责任。

建设单位是项目 HSE 责任主体，应按照国家和上级企业有关 HSE 法律法规和规定，配备项目 HSE 管理人员，统一协调、监督参建各方的 HSE 工作。

建设单位不得对勘察、设计、施工、工程监理等单位提出不符合建设工程安全生产法律、法规和强制性标准规定的要求，不得压缩合同约定的工期。

建设单位应按合同约定要求参建各方建立并有效运行 HSE 体系，落实 HSE 责任，加强项目全过程危害辨识、评估、控制和应急管理，防范事故发生。

建设单位是建设（工程）项目承包商 HSE 监督管理的责任主体，履行以下主要职责：

（1）负责制定本单位承包商 HSE 监督管理实施细则。

（2）明确工程建设、工程技术服务、装置设备维修检修等各类承包商的主管部门及其对承包商的 HSE 监管职责。

（3）负责本单位承包商 HSE 资格审查、培训、作业过程监督、HSE 绩效评估等工作，及时清退不合格承包商。

（4）组织对承包商采用的新工艺、新技术、新材料、新设备进行 HSE 评估和审核。

（5）负责向重大建设（工程）项目派驻监督监理。

（6）保证建设（工程）项目所需 HSE 投入、工期、施工环境、HSE 监管人员配备等资源。

（7）参与、配合做好本单位承包商生产安全事故的调查处理工作。

派驻监督监理的建设（工程）项目，监督监理应代表建设单位负责对建设（工程）项目 HSE 进行监督。

实行总承包的建设（工程）项目，建设单位对总承包单位的 HSE 负有监管责任，总承包单位对施工现场的 HSE 负总责。

总承包单位承担分包单位的 HSE 监管职责，并对分包单位的 HSE 承担连带责任。

业主项目部根据建设单位的授权范围，代表建设单位承担部分 HSE 管理职责。

二、HSE 管理目标

HSE 管理目标，应依据环境因素、法律、工程合同和其他要求设立；HSE 管理目标应逐级分解落实到项目管理机构中各层次、各有关部门及人员。

安全设施、环境保护设施、消防设施、职业病防护设施、水土保持设施等应与主体工程同时设计、同时施工、同时投入生产使用。

第二节 项目前期 HSE 管理工作

一、项目可行性研究及审批备案阶段

项目可行性研究应突出风险分析，对项目建设和运营过程中主要风险因素及其发生概率和影响程度，进行定性、定量分析，提出防范风险的对策。

按照有关法律法规要求，建设单位及时做好环境影响评价、安全预评价、水土保持评价、职业病危害预评价、地质灾害危险性评估、节能评估、地震安全性评价、土地复垦方案、使用林地可行性报告、文物调查勘探评估，完成相关的审批、核准、备案手续。详见"第二章　项目前期"有关内容。

二、项目管理机构筹建阶段

业主项目部成立且管理模式选定后，应确定 HSE 管理机构、岗位、人员、职责，建立健全 HSE 管理工作制度，编写项目管理手册、总体部署，配置 HSE 管理的相关资源。

建设单位应加强项目风险管理，根据风险控制费用与投资效益配比的原则，将项目风险管理贯穿于项目建设全过程，通过有效的风险管理，实现项目质量、HSE、进度、投资等控制目标最优化和风险管理成本最小化。

建设单位应对项目可行性研究、工程设计、物资采购、工程施工、生产准备、试运行投产、竣工验收等各个阶段进行常态化风险识别及评估，持续分析风险变化趋势，及时提出风险解决方案，实现风险动态循环管理和有效管控。

建设单位应组织参建各方对项目全过程进行风险识别，重点关注设计方案、重大施工、安装作业、试运行投产等主要活动中可能发生的风险事件，形成项目风险清单。

建设单位应依据上级企业风险评估规范，对识别出的风险事件予以定性、定量分析，依据其发生概率和影响程度确定综合排序，形成项目风险评价报告，结合自身风险偏好和承受度，选择风险回避、抑制、自留或转移等合适的风险应对策略，制定针对性风险解决方案，并合理配置资源，确保风险解决方案落到实处。

建设单位根据上级企业有关规定，可通过工程保险转移项目风险，并按合同约定组织参建各方统一办理工程保险。因工程变更等原因，保险期限和范围发生变化的，应及时通知保险公司。

第三节　项目实施阶段 HSE 管理工作

一、勘察设计阶段

勘察设计阶段的工作主要有安全设施设计与报审，职业卫生的设计，环境保护专篇的编制、审查与备案，消防设计、审核与备案，节能专篇的编制与审查，以及防雷防静电装置的设计等工作。

（一）安全设施设计

《建设项目安全设施"三同时"监督管理办法》（国家安全生产监督管理总局令第 77 号）于 2015 年 5 月 1 日起施行，《中国石油天然气股份有限公司建设项目安全设施竣工验收管理暂行办法》（油安〔2015〕153 号）于 2015 年 5 月 21 日实施。

1. 安全设施设计

油气田新、改、扩建设项目初步设计时，建设单位须委托有相应资质的设计单位对建设项目安全设施同时进行设计，编制安全设施设计。安全设施设计单位、设计人员应当对其编制的设计文件负责。建设项目安全设施设计应当包括以下内容：

（1）设计依据。

（2）建设项目概述。

（3）建设项目涉及的危险、有害因素和危险、有害程度及周边环境安全分析。

（4）建筑及场地布置。

（5）重大危险源分析及检测监控。

（6）安全设施设计采取的防范措施。

（7）安全生产管理机构设置或者安全生产管理人员配备要求。

（8）从业人员教育培训要求。

（9）工艺、技术和设备、设施的先进性和可靠性分析。

（10）安全设施专项投资概算。

（11）安全预评价报告中的安全对策及建议采纳情况。

（12）预期效果以及存在的问题与建议。

（13）可能出现的事故预防及应急救援措施。

（14）法律、法规、规章、标准规定需要说明的其他事项。

2. 安全设施设计报审

油气田地面建设项目安全设施设计完成后，建设单位应向相关安全生产监督管理部门提出审查申请，并提交以下资料：

（1）建设项目审批、核准或者备案的文件。

（2）建设项目安全设施设计审查申请。

（3）设计单位的设计证明文件。

（4）建设项目安全设施设计。

（5）建设项目安全预评价报告及相关文件资料。

（6）法律、行政法规、规章规定的其他文件资料。

安全生产监督管理部门收到申请后，对属于本部门职责范围的，应当及时进行审查，并在收到申请后 5 个工作日内作出受理或者不受理的决定，书面告知申请人；对不属于本部门职责范围内的，应当将有关文件资料转送有审查权的安全生产监督管理部门，并书面告知申请人。

对已经受理的建设项目安全设施设计审查申请，安全生产监督管理部门应该自受理之日起 20 个工作日内作出是否批准的决定，并书面告知申请人。20 个工作日内不能作出决定，经本部门负责人批准，可以延长 10 个工作日，并应当将延长期限的理由书面告知申请人。

3. 安全设施设计审查权限

在县级行政区域内的建设项目，报所在地县级以上安全生产监督管理部门进行审查。

跨两个及两个以上县级行政区域的建设项目，报上一级安全生产监督管理部门进行审查。

跨两个及两个以上地（市）级行政区域的建设项目，报省级安全生产监督管理部门进行审查。

跨省或承担国家级建设项目，报国家安全生产监督管理总局进行审查。经安全生产监督管理部门审查后，取得审查批复意见。

（二）职业卫生的设计与报审

1. 职业病防护设施设计

油气田新、改、扩建项目初步设计时，建设单位须委托有相应资质的设计单位进行建设项目安全设施设计，编制职业病防护设施设计专篇。设计单位、设计人员应当对其编制的职业病防护设施设计文件负责。建设职业病防护设施设计专篇应当包括以下内容：

（1）设计的依据。

（2）建设项目概述。

（3）建设项目产生或者可能产生的职业病危害因素的种类、来源、理化性质、毒理特征、浓度、强度、分布、接触人数及水平、潜在危害性和发生职业病的危险程度分析。

（4）职业病防护设施和有关防控措施及其控制性能。

（5）辅助用室及卫生设施的设置情况。

（6）职业病防治管理措施。

（7）对预评价报告中职业病危害控制措施、防治对策及建议采纳情况的说明。

（8）职业病防护设施投资预算。

（9）可能出现的职业病危害事故的预防及应急措施。

2. 职业病防护设施设计评审

建设单位在职业病防护设施设计专篇编制完成后，应当组织有关职业卫生专家，对职业病防护设施设计专篇进行评审。建设单位应当会同设计单位对职业病防护设施设计专篇进行完善，并对其真实性、合法性和实用性负责。

（三）环境保护专篇的编制、审查与备案

1. 环境保护专篇编制

针对开展了环境影响评价并需要配套建设污染防治设施或生态保护设施的建设项目，建设单位须在油气田建设项目初步设计阶段委托有相应资质的设计单位按照环境保护设计规范和经批准的建设项目环境影响报告书（表）编制环境保护专篇，落实防治环境污染和生态破坏的措施以及环境保护设施投资概算，并组织进行设计审查，达到"同时设计"要求。

建设项目环境保护专篇的主要内容包括：

（1）环境保护设计依据。

（2）主要污染源和主要污染物的种类、名称、数量、浓度或强度及排放方式。

（3）采用的环境保护标准。

（4）环境保护工程设施及其简要处理工艺流程、预期效果。

（5）对建设项目引起的生态变化所采取的防范措施。

（6）绿化设计；环境管理机构及定员。

（7）环境监测机构。

（8）环境保护投资概算。

（9）存在的问题及建议。

2. 环境保护设计审查与备案

建设单位对建设项目初步设计审查时，应当设立环境保护专业组，对环境保护篇章进行专项审查。对环境影响评价文件技术预审中确定的重大环境敏感项目，集团公司环境保护部可组织环境保护篇章的专项审查。

政府有备案要求的，建设单位应当组织将环境保护设计及审查意见向批复环评的国家行政主管部门备案。

（四）消防设计、审核与备案

1. 消防设计

石油天然气收集、净化、处理、储运等站场或设施运行介质具有易燃、易爆等特性，且在高温、高压下运行，其新、改、扩建项目须按照国家《建设工程消防监督管理规定》（公安部令第 106 号）及有关标准规范和企业制度规定，在建设项目开工前，必须委托有相应行业资质的设计单位消防设计，依据项目可行性研究报告、安全预评价报告审查意见及国家和行业有关标准、规范进行设计，并向公安机关消防机构申请消防设计审核。

消防设计主要内容包括：综合考虑油气场站建筑总平面布局和平面布置、耐火等级、建筑构造、安全疏散、消防给水、消防电源及配电、消防设施等内容，具体参照 GB 50183—2015《石油天然气工程设计防火规范》等。

2. 消防设计审核

油气田新、改、扩建项目范围内的联合站、集中处理站（厂）、集输油（气）站、轻烃站（厂）、计量站，以及长输油（气）管道的首、末站、中间站等属于生产、储存、装卸易燃易爆危险物品的固定设施，建设单位应当向项目所在地县级以上政府公安机关消防机构申请消防设计审核（跨行政区域的建设项目，建设单位向项目所在地上一级公安机关消防机构提出消防设计审核申请）。

消防设计审核一般应当提供以下资料（法律规定的特殊情形除外）：

（1）建设工程消防设计审核申报表。

（2）建设单位的工商营业执照等合法身份证明文件。

（3）新建、扩建工程的建设工程规划许可证明文件。

（4）设计单位资质证明文件。

（5）消防设计文件。

公安机关消防机构应当自受理消防设计审核申请之日起20日内出具消防设计审核书面批复意见（法律规定的特殊情形除外）。

消防设计需要修改时，建设单位须向出具消防设计审核意见的公安机关消防机构重新申请消防设计审核。

3. 消防设计备案

除了以上"2.消防设计审核"中内容以外的油气田地面建设项目，建设单位在取得施工许可、工程竣工验收合格之日起7日内，通过省级公安机关消防机构网站的消防设计和竣工验收备案受理系统进行消防设计、竣工验收备案，或者报送纸质备案表由公安机关消防机构录入消防设计和竣工验收备案受理系统。

被公安机关消防机构确定为抽查对象的备案项目，建设单位在收到备案凭证之日起五日内，按照备案项目向公安机关消防机构提供以下材料：

（1）建设工程消防设计审核申报表。

（2）建设单位的工商营业执照等合法身份证明文件。

（3）新建、扩建工程的建设工程规划许可证明文件。

（4）设计单位资质证明文件。

（5）消防设计文件。

依据建设工程消防监督管理规定，公安机关消防机构应当在收到消防设计备案材料之日起30日内，依照消防法规和国家工程建设消防技术标准强制性要求完成图纸检查，或者按照建设工程消防验收评定标准完成工程检查，制作检查记录。检查结果应当在消防设计和竣工验收备案受理系统中公告。公安机关消防机构发现消防设计不合格的，应当在五日内书面通知建设单位改正；已经开始施工的，同时责令停止施工。

建设单位收到通知后，应当停止施工，对消防设计组织修改后送公安机关消防机构复查。经复查，对消防设计符合国家工程建设消防技术标准强制性要求的，公安机关消防机构应当出具书面复查意见，告知建设单位恢复施工。

（五）节能专篇的编制与审查

在初步设计阶段，建设单位应委托有相应资格的咨询机构编制节能专篇。

1. 节能专篇编制的主要内容

（1）项目概况。

（2）项目所在地能源供应条件。

（3）合理用能标准和标准设计规范。

（4）项目能源消耗种类、数量分析。

（5）能耗指标。

（6）项目节能措施及效果分析。

2. 节能专篇审查

节能专篇审查程序同初步设计审查。

（六）防雷防静电装置的设计

1. 防雷装置

油气田企业在油气场、站、库的油罐等生产设施和建筑物、构筑物新建、改建、扩建时，必须按照规定建设完善防雷防静电设施和装置（包括接闪器、引下线、接地装置、电涌保护器及其连接导体等），必须符合国家有关防雷标准和国务院气象主管机构规定的使用要求。

1）设计、施工与监测机构（单位）和人员资质要求

（1）机构（单位）资质及要求。

防雷工程专业设计或者施工资质分为甲、乙、丙三级，由省、自治区、直辖市气象主管机构认定。

油气田企业在选择防雷工程专业设计或者施工单位时，须按照防雷工程等级选择相应资质等级的防雷工程专业单位。

禁止无资质或者超出资质许可范围的单位承担防雷工程专业设计或者施工。

（2）人员资质要求。

从事防雷装置检测、防雷工程专业设计或者施工的专业技术人员，必须取得省级气象主管部门核发的资格证书。

2）设计报审

防雷装置设计完成后，报送当地县级以上地方气象主管机构进行审核，未经审核或者未取得核准文件的设计方案，不得施工。

施工中变更和修改设计方案的，须按照原申请程序重新申请审核。

3）产品选择

选择的防雷产品须符合国务院气象主管机构规定的使用要求，由国务院

气象主管机构授权的检测机构测试合格，并符合相关要求后投入使用。

2. 防静电装置

按照 SY/T 0060—2010《油气田防静电接地设计规范》等的要求，油气田爆炸和火灾危险场所须设置防静电接地装置，油品生产和储运设施、操作工具等须采取防静电措施。

（1）须设置防静电接地装置的危险场所。

地上或管沟内敷设的石油天然气管道的进出装置或设施处爆炸危险场所的边界、管道泵及其过滤器（缓冲器等）、管道分支以及直线段每隔200～300m处须设防静电接地装置。

汽车罐车、铁路罐车和装卸场所须设防静电专用接地线。

油品装卸码头须设置与油船跨接的防静电接地装置。

金属导体与防雷接地（不包括独立避雷针防雷接地系统）、电气保护接地（零）、信息系统接地等接地系统相连接时，不设专用的防静电接地装置。

（2）须采取防静电措施的场点。

油品、液化石油气、天然气凝液等装（卸）栈台和码头的管道、设备、建筑物与构筑物的金属构件和铁路钢轨等（做印记保护者除外），须做电气连接并接地。

泵房门外、储罐上罐扶梯入口处与采样处、装卸作业区内操作平台扶梯入口处及悬梯口处、装置区采样口处、码头出入口处，须设消除人体静电装置。

二、招标与合同签订阶段

主要工作包括承包商 HSE 资格审查、招标过程的 HSE 管理以及合同签订过程的 HSE 管理等。

（一）承包商 HSE 资格审查

进入油气田的承包商应进行 HSE 资格审查，HSE 资格审查不合格的承包商禁止参与项目招投标。承包商 HSE 资格审查主要内容包括：

（1）具有法人资格且取得安全生产许可证。

（2）按规定设置 HSE 监督管理组织机构，配备专、兼职 HSE 管理人员。

（3）建立 HSE 管理体系，有健全的 HSE 规章制度和完备的 HSE 操作规程。

（竖排书脊文字）油气田地面建设项目管理手册

（4）主要负责人、项目负责人、安全监督管理人员、特种作业人员取得安全资格证书。

（5）特种作业人员，持有效特种作业操作资格证书。

（6）施工装备、机具配置满足行业标准规定并经检验合格。

（7）HSE 防护设施齐全，工艺符合有关 HSE 法律、法规和规程要求，性能可靠。

（8）依法为从业人员进行职业健康体检，并参加工伤保险。

（9）有职业危害防治措施，接触职业危害作业人员"三岗"（上岗前、在岗期间、离岗时）体检有记录，从业人员配备的劳动防护用品符合国家标准或行业标准。

（10）有事故应急救援预案、应急救援组织或者应急救援人员、配备必要的应急救援器材和设备。

（11）近三年安全生产业绩证明，承包商采用新工艺、新技术、新材料、新设备的还需要提供 HSE 风险评估报告。

（二）招标过程的 HSE 管理

（1）招标管理部门应在招标文件中提出承包商应遵守的 HSE 标准与要求、执行的工作标准、人员的专业要求、行为规范及 HSE 工作目标、项目可能存在的 HSE 风险，以及列出 HSE 费用项目清单，HSE 费用应满足有关标准规范及现场风险防范的要求。

（2）依据招标管理规定的可不招标项目，建设单位在谈判阶段应提出上述规定。

（3）承包商投标文件中应包括施工作业过程中存在风险的初步评估、HSE 作业计划书、安全技术措施和应急预案，以及单独列支 HSE 费用使用计划。

（三）合同签订过程的 HSE 管理

（1）建设单位合同承办部门应根据项目的特点，参照集团公司和建设单位安全生产（HSE）合同示范文本，组织制订 HSE 条款，与承包商签订安全生产（HSE）合同。

（2）按照有关规定不需要单独签订安全生产（HSE）合同的，在工程服务合同中应具有 HSE 条款要求。

（3）安全生产（HSE）合同应与工程服务合同同时谈判、同时报审、同时签订。工程服务合同没有相应的安全生产（HSE）合同或者 HSE 条款内容的，一律不准签订。

安全生产（HSE）合同中至少应约定以下内容：

①工程概况：对项目作业内容、要求及其危害进行基本描述。

②建设单位安全生产权利和义务。

③承包商安全生产权利和义务。

④双方安全生产违约责任与处理。

⑤合同争议的处理。

⑥合同的效力。

⑦其他有关安全生产方面的事宜。

安全生产（HSE）合同签订后，应与相应的工程服务合同同时履行，同级安全管理部门负责监督。

建设单位应当在签订施工合同时，明确施工单位派驻安全监督人员的要求。

未经建设单位同意，承包商不得分包项目。经同意分包的，承包商所选择的分包商应满足相关要求，并将相关资料（如分包商名单、技术资质、分包项目等）提供给建设单位备案，并对分包商的 HSE 负责。

实行总承包的项目，建设单位应在与总承包单位签订的合同中明确分包单位的 HSE 资格，分包单位的 HSE 资格应经建设单位认可；总承包单位与分包单位签订工程服务合同的同时，应签订安全生产（HSE）合同，约定双方在 HSE 方面的权利和义务，并报送建设单位备案。

三、开工准备阶段

主要工作包括落实安全监督、对承包商进行开工前的 HSE 审查、承包商 HSE 培训以及水土保持补偿费缴纳等。

（一）落实安全监督

安全监督工作从承包商准入审查开始，包括承包商准入、选择、使用、评价等过程，业主项目部根据建设单位的授权范围，确定自身的安全监督职责。

（1）安全监督，指集团／股份公司及地区公司设立的安全监督机构和配备的安全监督人员（包括聘用其他监督机构中具有安全监督资格的人员），依据安全生产法律法规、规章制度和标准规范，对地区公司生产建设和经营进行监督与控制的活动。

124

（2）建设（工程）项目中的高危作业、关键作业，建设单位和施工单位都应派驻安全监督人员进行监督。

（3）中国石油天然气股份有限公司安全监督管理办法（石油安〔2010〕148 号）规定，建设（工程）项目安全监督实行备案制度，国家及上级企业重点建设（工程）项目、重点勘探开发项目、风险探井、深井及超深复杂井施工项目、特殊的、复杂的工艺井和高压、高产、高含硫井施工项目、海上石油建设（工程）项目，建设单位应当在开工前 15 个工作日内，向所属地区公司安全监督机构办理备案。

（4）建设单位应当根据项目规模和风险程度对建设（工程）项目派驻安全监督人员。向所属地区公司安全监督机构办理备案的建设（工程）项目，安全监督人员由地区公司安全监督机构负责派驻。派驻的安全监督人员应当由安全监督机构委派或者从第三方聘用。

（5）建设单位安全监督人员主要监督下列事项：

①审查建设（工程）项目施工、工程监理、工程监督等相关单位资质、人员资格、安全合同、安全生产规章制度建立和安全组织机构设立、安全监管人员配备等情况。

②检查建设（工程）项目安全技术措施和 HSE "两书一表"（《HSE 作业指导书》《HSE 作业计划书》和《HSE 现场检查表》）、人员安全培训、施工设备和安全设施、技术交底、开工证明和基本安全生产条件、作业环境等。

③检查现场施工过程中安全技术措施落实、规章制度与操作规程执行、作业许可办理、计划与人员变更等情况。

④检查相关单位事故隐患整改、违章行为查处、安全费用使用、安全事故（事件）报告及处理情况。

⑤其他需要监督的内容。

6. 建设（工程）项目相关单位及其人员应当接受建设单位安全监督人员的现场监督，履行各自在建设（工程）项目中的安全生产责任。安全监督人员不代替工程监理、工程监督。

（二）对承包商进行开工前的 HSE 审查

（1）建设单位项目管理部门应在施工开始前组织对承包商进行开工前 HSE 审查，确保施工方案中各项措施得到落实。开工前 HSE 审查是否具备以下基本条件：

①按规定编制 HSE 作业计划书并获得建设单位批准。

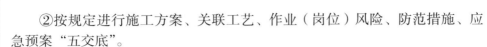
②按规定进行施工方案、关联工艺、作业（岗位）风险、防范措施、应急预案"五交底"。

③安全、消防设施及劳动防护用品、施工机具符合国家、行业标准。

④开工申请报告已经批准。

⑤作业许可按要求办理作业票。

⑥作业人员经培训考核合格。

（2）开工前HSE审查合格后，建设单位项目管理部门应提供符合规定要求的安全生产条件，对承包商进行安全技术交底或者生产与施工的界面交接，同时提供项目存在的危害和风险、地下工程资料、邻井资料、施工现场及毗邻区域内环境情况等有关资料，并保证资料的真实、准确、完整。

（3）总承包商应组织分包商、应急救援协作单位等项目相关方召开施工准备HSE交底会议，布置具体的HSE工作要求。

（4）两个及以上承包商在同一作业区域内进行施工作业，可能危及对方生产安全的，在施工开始前建设单位应组织区域内承包商互相签订安全生产（HSE）合同，明确作业界面和各自的HSE管理职责、采取的安全措施，并指定专职安全监督管理人员进行安全检查与协调。

（5）施工组织设计（方案）审查表见表8-1。

表8-1　施工组织设计（方案）审查表

序号	审核项目/内容	结论
1	资金、劳动力、材料、设备等资源供应计划满足安全生产需要	
2	安全技术措施符合工程建设强制性标准	
3	施工总平面布置是否符合安全生产及消防要求，办公、宿舍、食堂、道路等临时设施以及排水、排污（废水、废气、废渣）、电气、防火措施不得违背强制性标准要求	
4	施工组织设计由项目负责人主持编制，可根据需要分阶段编制和审批	
5	施工组织总设计由总承包单位技术负责人审批	
6	单位工程施工组织设计由施工单位技术负责人或技术负责人授权的技术人员审批，施工方案由项目技术负责人审批	
7	重点、难点分部（分项）工程和专项工程施工方案由施工单位技术部门组织相关专家评审，施工单位技术负责人批准	
8	由专业承包单位施工的分部（分项）工程或专项工程的施工方案，由专业承包单位技术负责人或技术负责人授权的技术人员审批	
9	有总承包单位时，由总承包单位项目技术负责人核准备案	

续表

序号	审核项目/内容	结论
10	规模较大的分部（分项）工程和专项工程的施工方案按单位工程施工组织设计进行编制和审批	
11	施工单位安全生产组织机构是否满足安全生产要求	
12	安全生产管理人员及特种作业人员配备是否满足要求	
13	安全生产责任制应健全	
14	施工现场临时用电、用水方案是否符合强制性标准要求	
15	冬季、雨季等季节性施工方案是否符合强制性标准要求	
16	基础、管沟及水池等土方开挖的支撑与防护，高空作业，起重吊装，脚手架拆装，管道、储罐、换热器和塔类等设备试压，拆除，爆破，动火及有限空间（如管道、储罐、塔及其他容器内）作业，用电作业等分部分项工程安全专项施工方案或安全措施是否符合强制性标准要求	
17	石油化工装置、场站改扩建工程的安全防护措施是否符合有关安全规定	
18	分包单位编制的施工组织设计或（专项）施工方案均由施工单位按规定完成相关审批手续后，报建设（监理）单位审核	
19	是否已经过监理单位审批	

（三）承包商 HSE 培训

（1）建设单位应当在合同中约定，承包商根据建设（工程）项目安全施工的需要，编制有针对性的安全教育培训计划，入厂（场）前对参加项目的所有员工进行有关安全生产法律、法规、规章、标准和建设单位有关规定的培训，重点培训项目执行的规章制度和标准、HSE 作业计划书、安全技术措施和应急预案等内容，并将培训和考试记录报送建设单位备案。

（2）建设单位应对承包商项目的主要负责人、分管安全生产负责人、安全管理机构负责人进行专项 HSE 培训，考核合格后，方可参与项目施工作业。

（3）建设单位应对承包商参加项目的所有员工进行入厂（场）施工作业前的 HSE 教育，考核合格后，发给入厂（场）许可证，并为承包商提供相应的 HSE 标准和要求。

（4）入厂（场）HSE 教育开始前，建设单位应审查承包商参加 HSE 教育人员的职业健康证明和安全生产责任险，合格后才能参加 HSE 教育。

（5）建设单位对承包商员工离开工作区域 6 个月以上、调整工作岗位、工艺和设备变更、作业环境变化或者承包商采用新工艺、新技术、新材料、新设备的，应要求承包商对其进行专门的 HSE 教育和培训。经建设单位考核合格后，方可上岗作业。

（6）在"高产、高压、高含硫"三高井、油气站库、油气集输管道及交叉作业等特殊环境和要害场所进行的施工作业项目，承包商应与建设单位一起对作业人员进行专门培训和风险交底，如特定个人防护装备的使用、关键作业的程序和关联工艺等。

（7）实行总承包的项目，总承包方应对分包方进行 HSE 培训和考核。

（8）建设单位应对承包商的培训效果进行验证，合格后方可进入施工作业现场。

（四）水土保持补偿费缴纳

在山区、丘陵区、风沙区以及水土保持规划确定的容易发生水土流失的其他区域，开办生产建设项目或者从事其他生产建设活动，损坏水土保持设施、地貌植被，不能恢复原有水土保持功能的油气田单位（以下简称缴纳义务人），须按规定缴纳水土保持补偿费。

开办一般性生产建设项目的，缴纳义务人应当在项目开工前一次性缴纳水土保持补偿费。

四、施工阶段

施工阶段主要工作包括检查承包商的 HSE 管理体系运行情况、落实作业许可、特种设备登记备案、消防戒备、环境监理以及水土保持监理与检测等。

（一）检查承包商的 HSE 管理体系运行情况

承包商安全管理体系运行情况审查表见表 8-2。

表 8-2　承包商安全管理体系运行情况审查表

序号	审核项目/内容	结论
1	现场安全生产规章制度是否健全（开工前审核一次）。 （1）安全生产责任制度。 （2）安全生产教育培训制度。 （3）安全生产规章制度。 （4）安全操作规程。 （5）安全生产管理机构	
2	安全生产许可证（开工前审核一次）	
3	项目经理资格（开工前审核一次，如有变动，重新审核）	

序号	审核项目/内容	结论
4	专职安全生产管理人员资格（开工前审核一次，如有变动，重新审核）	
5	特种作业人员资格	
6	施工机械和设施的安全许可验收手续	
7	"两书一表"，应急预案等应急救援体系文件是否齐全	
8	应急演练是否进行	
9	员工入场安全生产教育是否进行	
10	安全技术交底是否及时	
11	施工单位是否按照安全生产管理体系文件的规定按期自查整改（安全专项检查）	
12	超过一定规模的危险性较大的分部分项工程施工方案是否组织专家论证	
13	是否存在违章作业（记录种类和频次，管理分析用）	
14	管理人员是否尽职	

1. HSE 管理体系运行情况的检查内容

建设单位应对承包商作业过程进行 HSE 监管，建设（工程）项目派驻的 HSE 监督人员和工程监督监理主要监督下列事项：

（1）审查施工单位人员的资格、安全生产（HSE）合同、HSE 规章制度建立和 HSE 组织机构设立、HSE 监管人员配备等情况。

（2）检查项目安全技术措施和 HSE "两书一表"，人员 HSE 培训、施工设备、安全设施、技术交底、开工证明和基本安全生产条件、作业环境等。

（3）检查现场施工过程中安全技术措施落实、规章制度与操作规程执行、作业许可办理、计划与人员变更等情况。

（4）检查有关单位事故隐患整改、违章行为查处、HSE 费用使用、安全事故（事件）报告及处理等情况。

（5）其他需要监督的内容。

2. 承包商人员、机具、材料等管理要求的检查

建设单位项目管理部门应不定期核查承包商现场作业人员，是否与投标文件中承诺的管理人员、技术人员、特种作业人员和关键岗位人员一致，是否按规定持证上岗。检查施工项目中主要施工机具、特种设备、压力容器或 HSE 防护等的完好情况。

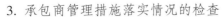

3. 承包商管理措施落实情况的检查

（1）建设单位项目管理部门应根据识别的项目危害因素，对承包商作业过程中采用的工艺、技术、设备、材料等进行 HSE 风险评估。

（2）对临时用电、高空作业、受限空间作业等安全技术措施和应急预案的落实情况进行监督检查。

（3）建设单位应检查承包商列入概算的 HSE 费用是否按规定使用、是否专款专用。

（4）建设单位项目管理部门应与承包商建立信息沟通机制，及时解决生产工作中出现的问题。

4. 其他管理要求和检查情况的处理

（1）建设单位发现承包商违反有关规定的，应及时通知其采取措施予以改正，并现场验证承包商整改情况；发现存在事故隐患无法保证安全的，或者发现危及员工生命安全的紧急情况时，应责令停止作业或者停工。

（2）承包方员工进入油气站场、重要生产设施等场所，必须携带相关资质证件到建设单位办理现场"临时出入证"，并接受入站 HSE 教育。临时出入证只限工程项目相关的作业场所使用，有效期与施工期限同步。

（3）在日常 HSE 检查、审核中，发现承包商员工不能满足 HSE 作业要求时，应收回临时出入证，并禁止其进入施工作业现场。

（4）承包商施工队伍进入油气站区必须由站区员工负责引领，未经同意不得进入与施工作业无关的生产区域。

（5）进入建设单位属地作业时，承包商员工违反《中国石油勘探与生产分公司作业许可管理规定》或其他有关文件，由建设单位项目管理部门按照有关规定清出施工现场，并收回临时出入证。

（6）责令停工期间，由建设单位组织承包方开展 HSE 培训，完善安全生产条件，经考核评估合格后，报油气田企业专业主管部门和 HSE 监管部门备案后方可复工。

（7）责令停工整改期间，承包商不得参加新项目投标。因停工、事故造成的损失及产生的费用，由承包商承担。

（8）施工单位应根据工程性质、规模和采取的施工工艺，针对工程可能出现的紧急情况编制应急预案，提高应对突发事件的处置能力，最大限度地减少事故危害。应急预案应报监理单位和项目经理部备案。

（9）发生 HSE 事故，建设单位应立即启动事故应急预案，防止事故扩大，避免和减少人员伤亡及财产损失，并按规定及时上报，禁止迟报、瞒报。

事故调查处理应按国家有关法律法规和上级企业有关规定执行。

（10）建设单位项目管理部门在项目结束后，应对承包商 HSE 能力、日常 HSE 工作情况进行综合分析，并将承包商 HSE 绩效的总体评估结果提交承包商主管部门建立档案，作为承包商年度评价的重要依据。

（二）落实作业许可

在油气田企业生产或施工作业区域内，从事工作程序（规程）未涵盖的非常规作业（指临时性的、缺乏程序规定的作业活动），也包括有专门程序规定的高风险作业（如进入受限空间、挖掘、高处作业、吊装、管线打开、临时用电、动火等），实行作业许可管理，作业前必须办理作业许可证。油气田企业基层单位在属地范围内执行作业许可管理实施细则，并负责现场的属地管理和监督。

实行作业许可管理、办理"作业许可证"工作的范围、要求应符合《中国石油勘探与生产分公司作业许可管理规定》。

（三）特种设备登记备案

特种设备是油气田的重要设备，在使用过程中具有高温、高压、易燃、易爆、易引起中毒等危害特性，依据国家《特种设备安全监察条例》（国务院令第 373 号）及集团公司相关法规、标准、制度等规定，特种设备在投用前须进行备案登记。

（四）消防戒备

油气田企业在开发、建设活动中，易发生储油罐或液化石油气储罐、油气或硫化氢泄漏，存在引发火灾、爆炸、中毒等安全风险，须按照《公安消防部队执勤战斗条令》（公安部 2009）、《中国石油天然气股份有限公司专职消防队管理办法》（油质字〔2006〕791 号）及油气田企业专职消防队战备管理规范要求，做好现场消防戒备监护工作，建立相应的救援预案。

五、试运行投产和竣工验收阶段

这一阶段工作主要包括但不限于应急预案审核、消防设施检测、防雷检测和有关专项验收等工作。

（一）应急预案审核

建设项目试运行阶段的应急预案是建设项目《总体试运行方案》的重

要组成部分，必须与总体试运行方案一同编制，一同按照规定程序上报审核备案。

1. 开展风险识别

建设项目试运行阶段的关键装置和要害部位是应急管理的重点，必须按照集团公司《关于关键装置和要害部位（单位）安全管理办法》要求，进行全面风险识别。

2. 应急预案的编制和审核

在全面风险识别的基础上，编制和完善各种事故应急预案，按照相关规定逐级审核。

（二）消防设施检测

油气田地面建设工程完工后，业主项目部或生产单位应委托取得相应资质的检测单位进行消防设施检测，取得消防设施检测合格证明文件，并存档备查。

消防设施检测范围包括建筑物、构筑物中设置的火灾自动报警系统、自动灭火系统、消火栓系统、防烟排烟系统以及应急广播、应急照明、安全疏散设施以及消防供水系统等。

油气田生产建设单位应积极配合做好消防设施检测检查工作，对发现的不符合项立即组织进行整改，直至检测合格。

（三）防雷检测

完工前建设单位应委托有资质的防雷检测单位对防雷装置进行检测，并出具检测报告。

（四）专项验收

消防设施、环境保护设施、安全设施、职业病防护设施和水土保持设施等应与主体工程同时设计、同时施工、同时投入使用。

相关专项验收具体详见"第十四章 竣工验收管理"有关内容。

第九章 质量管理

建设单位作为基本建设管理工作的第一责任主体，应建立工程建设项目质量管理体系、完善管理制度、成立质量管理组织机构并明确分工，监督检查相关责任方质量管理体系运行。

第一节 基本要求

油气田地面建设工程参建各方应严格执行基本建设程序，建立健全质量管理体系，实施全员质量管理，不断提高工程建设质量。工程建设项目的物资采购、承包商选用、招投标管理、合同管理、档案管理等工作，应严格遵守集团公司（股份公司）相关规定，规范运作。建设单位、PMC、EPC、勘察、设计、施工、检测、监理、监造等承包商及有关人员，在工程设计合理使用年限内对工程建设项目质量各负其责。

（1）建设单位是工程建设项目质量管理的责任主体，对项目的全过程质量负责，建设单位应对各参建单位质量行为进行监督检查。

（2）物资采购单位和供应商对工程建设项目采购物资的质量负责，对存在质量问题的材料设备负责处理或退换。

（3）施工总承包单位应对全部建设工程施工质量负责，分包单位应按合同约定的其分包工程的质量向总承包单位负责。总承包单位应加强对分包工程的质量管理，对分包单位的工程质量负连带责任。

（4）操作人员应严格按照设计文件、标准规范、施工方案等要求进行施工作业，施工期间及时进行自检工作。

（5）需要在施工过程中进行试验、检验或留置试块、试件的，施工单位应按规定及时完成试验、检验、留置试块等工作，并及时进行见证取样。

（6）未实行监理的工程项目，本章中规定的监理单位质量管理相关工作由建设单位负责。

第二节　实施前期质量控制

实施前期质量控制，建设单位主要从技术准备、质量准备和生产准备三方面把关。健全项目质量管理体系，对监理单位和施工单位各项准备工作进行严格审查，达到符合开工的基本条件。

一、完善总体部署

（1）项目计划下达后，建设单位要健全质量管理制度，划分岗位职责，明确监理单位授权范围，确定质量管理工作的负责人，配备满足工程需要的标准规范、检测仪器等。

（2）建设单位应根据生产计划编制工程建设实施计划，应在项目建设总体目标的基础上，结合招标文件和合同规定，分解细化施工阶段的各参建单位、工程实体的质量目标。

（3）建设单位应结合工程实际情况，完善质量保证措施。

二、确定质量目标

（1）建设单位应制定可量化考核的工程建设项目质量目标，并在招标文件和合同中明确。

（2）其他参建单位应根据承包合同制定项目质量目标，并在质量计划中进行明确和细化。

三、审批施工组织设计及质量计划

（1）建设单位（监理单位）应审批施工单位编制的《施工组织设计》。施工单位应履行本企业内部规定的施工组织设计编制、审批手续。《施工组织设计》中应有针对施工难点和关键工序的施工方案，对工序、原材料、设备以及涉及结构安全的试块、试件等制定质量检验计划，确定施工过程中的质量控制点和控制措施，见表9-1。

表 9-1 施工组织设计审查要点统计表

序号	审查内容
1	施工部署：质量组织机构、质量目标、施工程序、施工里程碑划分、施工重点和难点
2	施工准备和资源配置：技术准备、生产准备、施工设备和机具需用计划、劳动力需用计划
3	主要施工方法与措施：施工方法、施工流程、施工技术措施、季节性技术措施
4	质量保证措施：质量保证组织机构、质量目标、质量控制点和措施、质量通病防治措施、事故处理措施
5	其他管理措施：成品保护措施、地上地下设施防护措施
6	工程验收、交付与保修：工程的验收与交付、服务与保修措施

（2）建设单位应审批施工单位编制的《施工质量计划》，内容主要包括工程划分、质量管理机构、施工过程检验试验计划、施工质量控制措施等，见表9-2。

表 9-2 施工质量计划审查要点统计表

序号	审查内容
1	编制依据：合同、招标文件、设计文件、现场条件、法律法规、标准规范
2	工程概况：工程简介、主要施工内容
3	质量目标与工程划分：质量目标、工程划分
4	质量管理机构：质量组织机构、质量职责与权限
5	质量验收标准与检测器具：质量验收标准、质量检测器具
6	材料与设备检验试验计划：原材料检验试验计划、构件与配件检验试验计划、设备检验试验计划
7	施工过程检验试验计划：过程检验试验计划、最终检验试验计划
8	施工质量控制措施：特殊过程控制措施、关键工序控制措施、质量通病控制措施、质量创新措施

（3）质量计划中工程划分要求。

①工程划分是施工管理的基础，应在施工组织设计编制完成前完成，质量计划可直接引用。

②单位工程、分部工程划分由建设单位（监理单位）组织完成。

③分项工程、检验批划分由施工单位项目技术负责人组织完成，划分时应充分考虑施工合同、设计图纸、相关规范、施工部署等方面的工作要求，划分结果应获得建设单位（监理单位）认可。

四、审批专项施工方案

施工方案是项目顺利施工的基础和保障，方案确定的优劣直接影响到现场施工质量。

（一）专项施工方案的编制范围

工程结构特殊、技术复杂、专业性强的分部分项工程或工序，组织施工单位编制专项施工方案并进行审批。

（二）施工方案质量控制重点审查内容

（1）分析分项工程特征，明确质量目标、验收标准，质量控制的重点和难点。

（2）制定合理的施工技术方案，包括施工方法、施工工艺等。

（3）合理选用施工机械、机具和临时设施。

（4）采用的"四新"（新技术、新工艺、新材料、新设备）技术方案。

（5）环境不利因素对施工质量的影响及其应对措施，如温度、湿度等。

五、审批监理规划及监理实施细则

建设单位应审批监理单位申报的监理规划和监理实施细则，监理规划和监理实施细则应结合工程实际内容，明确巡视、平行检验、旁站的部位、检查内容、抽检比例和质量控制要求等，专业性较强的工程建设项目，还应分专业制订监理实施细则，监理规划审查要点见表9-3，监理实施细则审查要点见表9-3。

表9-3　监理规划审查要点统计表

序号	审查内容
1	工程概况：基本情况、工程划分
2	监理工作的范围、内容和目标：监理工作范围、监理工作内容、监理工作目标
3	监理组织形式和岗位职责：组织形式、人员配备和岗位职责

续表

序号	审查内容
4	监理工作制度
5	工程质量控制：质量目标分解、控制内容、控制措施、控制流程
6	组织协调：会议制度、报审制度、报验制度、旁站（巡检、平行检查）制度
7	监理工作设施：办公设施、交通设施、检测设施、通信设施

表 9-4　监理实施细则审查要点统计表

序号	审查内容
1	专业工程特点：基本情况、质量工作目标、工艺流程、质量控制环节、相关工作条件
2	编制依据：标准、规范、图纸、监理大纲、施工组织设计
3	监理工作要点：根据监理规划列出质量管理常见问题清单
4	监理工作方法及措施：审核施工方案、审核人员资质、审核设备机具性能、施工过程检查、工序验收等

六、委托设备监造

（1）列入集团公司产品驻厂监造目录（表 9-5）的工程建设重要产品和设备，建设单位按照相关规定及时组织驻厂监造。

（2）监造单位应编制监造计划和监造实施细则，并报建设单位审批。监造计划和监造实施细则应结合生产制造工艺，明确对生产制造过程各阶段的监督检验内容、方法、标准和质量控制指标等。

（3）建设单位应要求监造单位认真履行监造职责，确保被监造的产品或设备的质量符合标准和采购合同要求，并对监造工作质量进行监督检查。

（4）监造单位发现质量问题时，应责令被监造单位采取措施进行整改，直至符合质量要求，重大质量问题应及时报告建设单位。

表 9-5　产品驻厂监造目录

序号	内　　容
1	催化装置的三（四）机组、增压机组、富气压缩机组、反应器、再生器、外取热器
2	加氢装置的加氢反应器、高压换热器、高压容器、新氢/循环氢压缩机组、加氢进料泵、高压空冷器

序号	内　　容
3	重整装置的重整反应器、再生器、立式换热器、新氢/循环氢压缩机组；制氢转化炉炉管
4	焦化装置的富气压缩机组、焦炭塔、高压水泵、辐射进料泵
5	乙烯装置的三大压缩机组、裂解炉炉管、冷箱、废热锅炉及重要低温设备；聚丙烯装置的反应器
6	PTA 装置的干燥机、过滤机、主要换热设备、空气压缩机组；聚酯装置的反应器；丙烯腈装置反应器、主要换热设备
7	化肥装置的压缩机组、大型高压设备；气化炉、变换炉
8	空分装置的大型压缩机组、冷箱
9	氯碱装置的聚合釜、压缩机
10	电站锅炉、汽轮发电机组
11	钻机、修井机、大型压裂设备、井控设备、海洋平台
12	油气输送管、油气输送管防腐、油套管（高压气井用、特殊用途的非 API 管材）

七、质量监督注册

　　建设单位在领取开工报告前，应到监督机构办理工程质量监督手续，提交有关资料，质量监督注册办理程序执行《石油天然气建设工程质量监督工作程序》相关规定，未办理监督注册手续的工程建设项目，建设单位不得组织进行施工。

八、开工条件检查

　　（1）工程开工前，承包商应按照投标文件成立项目管理机构，建立质量责任制，按照合同约定配备满足工程需要的管理人员、标准规范、施工机具、设施、检测仪器、设备等。未经建设单位同意，承包商不得随意更换合同中约定的关键岗位不可替换人员，不得随意减少承诺的其他资源投入。

　　（2）开工前，建设单位应对承包商资源投入和现场工程质量保证体系建立情况进行监督检查。

九、其他质量工作

施工准备阶段，建设单位还应完成以下工作：

（1）优选施工、监理、检测队伍。

（2）优选物资供应商，明确物资质量、验收标准。

（3）勘察、设计的质量控制。

（4）加强交桩、控制测量等方面质量控制，确保工程总体质量受控。

第三节　实施阶段质量控制

实施阶段质量控制是质量控制的重点和关键环节，建设单位的工作重点是抓好施工过程质量控制，监督检查施工单位和监理单位的履职情况，配合质量监督机构做好停监点和必监点的检查，组织进行工程验收和质量考核。

一、检查施工单位质量保证体系运行情况

工程施工阶段，建设单位应定期或不定期检查施工单位质量保证体系运行情况。主要检查内容及要求见表9-6。

表9-6　施工单位质量保证体系建立及运行情况检查表

序号	检查项目		主要检查内容
1	质量保证体系的建立情况		质量管理组织机构建立及职责分工、项目质量技术管理相关制度及办法（包括施工各阶段质量控制内容）、质量计划等
2	质量保证体系的运行	质量管理人员的履职	施工过程质量检查相关记录
		施工人员和设备的配备	岗前培训记录、特殊工种（电焊工、电工等）岗位资格证书、管理人员（项目经理、质检员、技术人员）岗位资格证书、设备进场验收记录等
		施工交底的执行	技术交底记录、检验批检查验收记录
		现场实体质量	对工程实体进行实测实量、检验批和分项工程检查验收记录
		原材料进场检验	材料进场验收记录、见证取样记录、材料试化验报告

序号	检查项目		主要检查内容
2	质量保证体系的运行	"三检制"实施	自检记录、互检记录、专检记录
		工序交接的实施	工序交接记录
		成品及半成品保护	成品及半成品保护措施、监督检查记录
		施工技术方案执行	施工技术方案的编制与审批、监督检查记录

（一）检查质量管理体系的运行

项目部是否建立质量管理体系，质量体系各程序和要素是否按照程序文件要求得到有效运行。

（二）检查质量管理人员的履职

项目部质量管理组织机构是否健全，质量管理岗位职责是否清晰、明确，质量管理流程是否合理；在施工过程中，通过检查工程实体质量和项目质量管理资料，验证质量管理人员是否真正履职到位。

（三）检查施工人员和机具的配备

项目施工人员是否进行岗前培训，特殊工种是否持证上岗，施工过程中设备性能是否满足使用要求。

（四）检查施工交底的执行

每道工序施工前，施工单位应组织进行施工交底，由交底人向被交底人说明工作要求和注意事项。施工交底包括安全技术交底和质量技术交底，一般应同时进行。交底人由项目技术人员和安全员担任，被交底人应包括拟参与交底项目施工的全体管理和操作人员，交底人和被交底人应签认交底记录。

（五）检查现场实体质量

通过现场对工程实体质量进行实测实量，检查施工单位是否按照施工图设计文件、标准规范、工艺操作规程进行施工，各分项工程、检验批允许偏差是否在规范允许范围内；施工单位是否存在偷工减料、以次充好，擅自修改工程设计的情况。

（六）检查原材料进场验收

施工单位是否严格按照标准规范和质量计划，对原材料、构配件和设备质量进行验收，现场抽样检验的原材料、构配件及有关试块、试件等，是否在建设单位或监理单位的见证下现场取样，原材料抽检结果是否符合要求。

（七）检查"三检制"的实施

施工单位是否严格按照质量管理要求，认真组织"三检制"质量管理，施工班组每道工序都进行自检，在自检合格的基础上再进行互检和专检，形成检查记录。

（八）检查工序交接制度的实施

当上、下两道工序由不同的班组进行施工，施工单位技术负责人要组织两个班组、质检员和监理工程师进行工序交接，主要检查内容为上道工序的各项技术质量指标，工序的验收应做好记录，交接双方及其他相关方签字确认。

（九）检查成品及半成品的保护

开工前，项目部应识别出易受到损害的工程部位，制定《成品及半成品保护措施》；操作人员应按照技术交底的要求，执行成品及半成品保护措施。项目管理人员按照岗位职责巡视成品及半成品保护措施执行情况，发现问题，及时处理。

（十）检查施工技术方案的执行

检查施工单位编制的各类技术方案和措施是否齐全，例如：特殊过程控制措施、关键工序控制措施、季节性施工技术措施、危险性较大分项工程技术措施等；各类技术措施是否按照规定报监理单位（建设单位）审批。在分项工程实施过程中，技术方案中的各类保障措施是否得到落实和执行，措施实施效果是否达到预期目标。

二、检查监理单位履职情况

监理单位履职情况检查内容见表9-7。

表9-7 监理单位履职情况检查表

序号	检查项目	检查内容
1	材料、设备进场报验	工程材料、构配件、设备报审表、原材料见证取样单
2	人员进场报验	项目管理人员报审表、特殊工种报审表
3	施工机具、计量器具进场报验	施工设备报审表、施工机具报审表、计量器具报审表

序号	检查项目	检查内容
4	分包单位管理	分包单位资格报审表
5	检验批、分项、分部工程验收	检验批报验表、分项工程报验表、分部工程报验表
6	隐蔽工程验收	隐蔽工程报验表、隐蔽工程验收记录
7	监理单位旁站监理、平行检验	旁站监理记录、平行检验记录、监理日志、监理通知单
8	质量问题检查及整改	监理通知单、工程暂停令、监理通知回复单、监理日志、监理报告

（一）材料、设备进场报验

（1）监理单位应对材料进场的报验资料进行审核，并参加重要材料设备的进场验收，保证进场的原材料、设备名称、型号、规格、质量、数量等参数符合设计要求和规范要求。

（2）监理单位应及时组织需要见证取样试化验的材料进行见证。

（二）人员进场报验

施工合同、施工标准规范等有关规定中对施工人员有业务水平测试要求的，施工单位应及时组织进行，建设单位（监理单位）对施工人员有执业资格要求的，施工单位应及时组织验证，验证合格后，应及时向建设单位（监理单位）报审，获得批准后，方可进行施工作业。

（三）施工机具、计量器具进场报验

（1）施工单位应对进场的施工机具、计量器具进行报验，报验内容包括种类、型号、规格、数量、性能等，做到保险、限位等安全设施和装置完整，生产（制造）许可证、产品合格证齐全，状况良好。

（2）需要建设单位、监理单位验收合格后方可使用的施工机具、计量器具，应及时报验；需要到地方政府部门或上级业务主管部门办理使用许可手续的，应及时办理。

（四）分包单位的管理

1. 分包单位资质报验

施工单位应将分包工程范围、内容等情况以及分包商的以下资料报监理单位审核：

（1）营业执照、企业资质等级证书。

（2）安全生产许可文件、质量体系认证证书。

（3）类似工程业绩。

（4）专职管理人员和特种作业人员的资格。

2. 分包单位完工审核

分包单位所完成的工作，当需要提请监理单位、建设单位或其他单位审核时，应在分包单位自检合格的基础上进行预审，预审合格后，由总包单位提交。监理单位、建设单位或其他单位对分包单位所完成的工作进行审核时，分包单位和总包单位均应派相关人员配合。

（五）检验批、分项、分部工程验收

（1）检验批的验收首先经施工单位专业质量（技术）负责人验收合格后，向建设单位、监理单位提出报验申请，需要其他单位参加的，应及时通知，检验批的验收由专业（监理）工程师组织。

（2）分项工程包含的所有检验批验收合格后，由总监理工程师组织施工单位专业质量（技术）负责人进行分项工程验收。

（3）分部（子分部）工程验收由总监理工程师组织，施工单位项目技术负责人和有关部门技术、质量负责人参加。

（六）隐蔽工程验收

隐蔽工程在隐蔽前先由项目专业质量（技术）负责人组织内部验收，合格后，及时向建设单位、监理单位提出报验申请，监理单位专业监理工程师组织验收。隐蔽工程是施工过程重点控制的内容和工序，监理工程师要按照设计文件和标准规定严格进行验收，并将验收内容和验收结果记录在《隐蔽工程验收记录》中。

（七）监理单位旁站监理、平行检验

对于重要工序和关键工序，根据监理大纲、监理规划的要求，在施工过程中监理工程师要进行旁站监理和平行检验，对施工过程的操作工艺、技术参数、施工质量进行严格控制，并详细记载，形成相关记录。

（八）质量问题检查及整改

施工过程中，监理单位发现质量问题后，以通知单的形式，要求施工单位立即进行整改，并对整改过程和整改结果进行检验，形成记录；对于比较严重的质量问题，根据有关规定还要向建设单位和上级有关质量监督部门

报告。

三、停（必）监点报监

（1）质量监督部门将涉及结构安全和重要使用功能的工序确定为停监点、必监点后，监理单位和建设单位应予配合检验。

（2）施工单位按照质量监督部门规定的时限，将停（必）监点报监理单位（建设单位）检查，检验合格后通知质量监督部门进场验证，验证合格后，方可进行后续工作。

（3）施工单位、监理单位（建设单位）应对质量监督部门提出的质量行为和实体质量问题进行整改，直至符合设计文件和标准规范的要求。

四、单位工程验收

施工单位对单位工程检查评定合格后应向建设单位提交验收申请报告，建设单位组织设计单位、监理单位、施工单位（含分包单位）和质量监督部门等进行验收，形成单位工程质量验收记录。

五、质量评价

建设单位应对参建单位的质量目标完成情况进行评价，内容主要包括质量管理体系、质量管理制度、质量管理机构、施工过程质量控制、质量目标、质量问题处理、质量资料等。

发现有违反工程质量管理规定的行为和工程实体质量问题，应当采取责令改正、暂停施工等措施进行处理，对情节严重造成重大损失的，记录不良质量行为，纳入诚信档案；对违反基本建设管理程序，造成损失的责任方追究违约责任。

六、质量事故处理

发生质量事故时，现场暂停施工，采取防止事故扩大的措施，建设单位应按照集团公司（股份公司）规定及时上报，不得迟报、瞒报，质量事故处理应符合集团公司（股份公司）相关规定。

第四节　试运投产及保修阶段质量控制

一、试运投产质量控制

（1）项目按照工程合同和设计文件要求内容全部完工，并按照规定程序完成中间交接和联动试车后，建设单位应进行质量验收，确认工程质量是否满足合同要求。

（2）生产运营单位应编制和报批试运投产方案，明确试运程序、工艺技术指标、关键质量控制点、开停车操作要点等。

（3）施工单位负责投产保镖工作，派驻相关的管理人员和操作人员，配置所需的材料、设备、机具等资源。在项目投产开始至72小时期间内，协助生产单位对工程实体进行监控、维护和维修等。

二、保修阶段质量控制

工程竣工验收后，建设单位应根据工程建设合同对相关责任方保修履约情况进行检查。

（1）建设工程质量保修期应在承包合同中给予明确，建设工程的保修期，自竣工验收合格之日起计算。

（2）建设单位应要求施工单位出具质量保修书，质量保修书应当明确工程项目保修范围、保修期限和保修责任等内容。

（3）工程建设项目在保修范围和保修期间发生的质量问题，建设单位应责成施工单位履行保修义务，分析质量责任，并由责任方承担造成的损失。

（4）施工单位拒绝履行保修义务的，建设单位根据施工合同有权选定其他单位承担保修工作，并扣除相应的保修金。

第十章　工　期　管　理

　　油气田地面建设工程项目的工期管理任务主要是在确保工程安全和质量的前提下，对整个项目实施阶段的进度计划进行科学管理和控制。项目进度计划应按照总体部署确定的工期目标、质量目标，统筹考虑设计、物资采购、工程施工、外部环境、资源、资金及风险等因素后进行编制，确保工期目标实现。

第一节　概　述

　　工期管理目标是使工程项目按进度计划达到交接、投产条件。主要工作内容有：编制进度计划、审查进度计划、控制进度等。进度计划包括一、二、三级进度计划，多个相互关联的进度计划组成进度计划系统，它是项目进度控制的依据。

　　建设单位不得对勘察、设计、施工、工程监理等单位提出不符合建设工程安全法律、法规和强制性标准的要求，不得任意压缩合同约定的工期。

　　按《中国石油天然气集团公司工程建设项目管理办法》要求，项目进度计划应实行分级管理。建设工程进度计划可参考图10-1进行分级分类。

一、一级进度计划

　　一级进度计划根据项目总体策划和总体部署确定的建设工期，统筹考虑设计、施工、物资供应等因素，统一安排项目实施阶段的全过程进度计划，保证项目总进度目标的实现。一级进度计划是项目总进度计划，是项目总体（设计、制造、供货、承包商间）协调控制的依据。

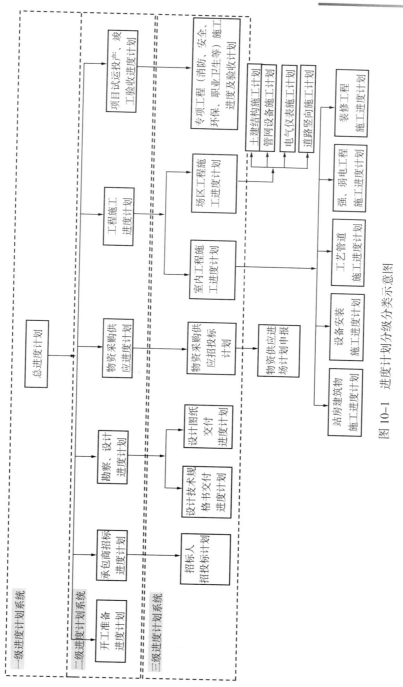

图 10-1 进度计划分级分类示意图

建设单位项目经理部根据项目的总体部署、与建设单位签订的管理目标工期，结合进度影响因素，进行科学认真分析，确定项目总体进度目标及任务，由建设单位项目经理部经理组织编制，项目经理审核后报建设单位审批后执行。

二、二级进度计划

二级进度计划是项目控制进度计划，建设单位项目经理部根据一级进度计划分类编制各阶段进度计划，报建设单位审批后执行。

二级进度计划是三级进度计划编制的依据。

三、三级进度计划

三级进度计划是项目具体实施计划，由各承包商和供应商编制，报监理审核后上报建设单位项目经理部审批后执行。

三级进度计划是由设计承包商、施工承包商、物资供应商等不同参建方编制的进度计划组成。各承包商必须根据一、二级进度计划的目标工期进度计划编制三级进度计划。

第二节　进度计划编制

建设单位项目经理部编制一级进度计划和二级进度计划，各承包商编制三级进度计划。进度计划编制方法：一级进度计划和二级进度计划一般采用横道图方法编制，三级进度计划采用横道图、网络图等方法编制。

一、进度计划编制程序、基本要求

（一）进度计划编制程序

进度计划编制程序如图 10-2 所示。

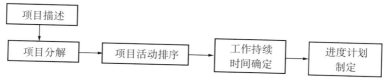

图 10-2 进度计划编制程序示意图

1. 项目描述

根据批准的建设项目可行性研究报告、初步设计，一级进度计划、二级进度计划等文件用表格形式列出拟编制的各级计划的目标、范围、如何实施、完成计划等内容。

2. 项目分解

油气田地面建设工程按项目实施阶段、里程碑节点等内容进行工作分解，利用工作分解结构图将建设项目逐步分解为一层一层的要素，直至明确各项工作的范围。

3. 项目活动排序

分析确定各项活动之间的逻辑关系，安排所有活动的次序。

4. 工作持续时间确定

工作持续时间应根据进度目标各个分项工程的工程量、投入人员和机械来确定所需要的持续施工时间。主要方法包括经验法、历史数据法、高度不确定工期三点确定法，对可能时间、悲观时间、乐观时间求取工作持续时间的期望值。

5. 进度计划制定

根据项目活动排序及确定的工作持续时间，明确每项工作的起始时间及结束时间，制定项目的进度计划。

（二）计划编制的基本要求

各单位计划编制人员在编制工程进度计划时重点考虑以下内容：

（1）所动用的人力和施工设备是否能满足完成计划工程量的需要。

（2）基本工作程序是否合理、实用。

（3）施工机具设备是否配套，规模和技术状态是否良好。

（4）如何规划施工平面布置图。

（5）工人的工作能力如何。

（6）工作空间分析。

（7）预留足够的清理现场时间，材料、劳动力的供应计划是否符合进度计划的要求。

（8）分包工程计划。

（9）临时工程计划。

（10）竣工、验收计划。

（11）可能影响进度的施工环境和技术问题。

二、进度计划的编制方法

（一）一级进度计划

建设工程项目一级进度计划是对工期目标的宏观控制计划。在工程项目初设完成后，由建设单位或建设单位项目经理部制定一级进度计划，可以采用甘特图（横道图）编制。大型跨年项目时间坐标轴可按年、季、月安排计划，特殊情况或中小型项目的时间坐标可按旬、周、日安排计划。项目一级进度计划可参考表 10-1 编制，不同工程可根据实际情况自行调整。

表 10-1　项目一级进度计划表

序号	工作内容	最迟开始时间	最迟完成时间	计划完成金额	××××年					××××年		…
					1月	2月	3月	…	12月	1月	…	…
1	开工准备											
2	招标与合同											
3	勘察											
4	设计											
5	物资采购											
6	工程施工											
7	试运行投产											
8	竣工验收											
9	其他（技术引进等）											

（二）二级进度计划

建设单位项目经理部依据一级进度计划，制定里程碑目标计划。建设工程项目的二级进度计划包括：开工准备、承包商招标、勘察设计、物资采购供应、工程施工、试运行投产、竣工验收等进度计划，可以采用甘特图（横道图）编制，时间坐标轴可按年、月、周安排。

建设单位项目经理部首先应根据具体工程项目的工期管理关注重点，确定进度里程碑（里程碑事件是指该项工作完成是否会影响到后续工作的进展及其总工期）。不同的项目有不同的关注重点，里程碑节点计划可参考表 10-2 编制，重要的里程碑节点包括但不限于以下内容。

表 10-2　项目里程碑进度计划表

序号	里程碑节点		开始时间	完成时间	备注
1	招标与合同	工程建设承包商招投标			
		合同签订			
2	勘察、设计	施工图设计交付			满足现场物资采购和开工需求
		主要设备技术方案（规格书）交付			
3	物资采购	物资供应商招投标			
		采购合同签订			
4	开工准备	土地征用			在三通一平队伍进场前办理完毕土地征用手续
		施工许可			
		三通一平			
		设计交底、图纸会审			
		现场交桩			
		队伍进场			
5	工程施工	施工准备			
		设备基础交安装			
		地下管线施工完			
		大型设备安装完（加热炉、压缩机等）			
		泵房、厂房等主体建筑封顶			
		生产工艺系统管道安装完			
		采暖、给排水、消防系统安装完			

序号	里程碑节点		开始时间	完成时间	备注
5	工程施工	变配电系统施工完			
		污水处理系统施工完			
		仪表自控系统施工完			
		单机试运行结束			
		场平、环境施工完			
		道路竖向施工完			
6	试运行投产	联动试车			
		投产			
7	竣工验收	专项工程验收			
		竣工验收			
		竣工结算完			

（三）三级进度计划

设计承包商、施工承包商、物资供应商等不同参与工程建设方编制各自承担的工程量进度计划，这些计划统称为三级进度计划，三级进度计划必须符合二级进度计划确定的里程碑计划或分期分批投产顺序。编制三级进度计划时将每个交工系统的各项工程分别列出，在控制的期限内进行各项工程的具体安排，可以采用甘特图（横道图）或网络图编制，经本单位相关负责人审核后上报监理、建设单位项目经理部审批后执行。

第三节　进度计划审查

油气田地面建设项目进度计划审查主要是审查三级进度计划的符合性、科学性和合理性，由建设单位项目经理部或监理工程师根据一、二级进度计划审查项目各参建方上报的进度计划。

油气田地面建设项目管理手册

一、施工图设计进度计划审查

设计承包商三级进度计划组成包括：基础设计计划、详细设计进度计划。根据项目总进度计划对设计进度计划进行符合性审查。详细设计进度计划审查主要重点有：

（1）重要物资设备技术规格书确定时间是否符合物资采购进度计划需要。

（2）审查建筑专业图纸交付时间是否符合开工需要。

（3）其他各专业设计文件的存档、交付时间是否满足后续工程施工的要求。

二、施工进度计划的审查

施工承包商进度计划组成：单项工程施工进度计划、单位工程施工进度计划、分部分项工程施工进度计划。

建设单位应审查单位工程中各分部分项工程的施工顺序安排、开完工时间及相互衔接关系等。工程施工进度计划重点审查以下内容：

（1）是否符合施工合同约定工期，施工进度计划与合同工期和阶段性目标的响应性与符合性，以及计划工期完成的可靠性，是否留有余地。

（2）主要工程项目内容是否全面，有无遗漏或重复的情况，满足分批试运和动用需要，阶段性施工进度计划满足项目施工总进度目标要求。

（3）施工进度计划中各个项目之间逻辑关系的正确性与施工组织的可行性，关键路线安排和施工进度计划实施过程的合理性，施工进度计划的详细程度和表达形式的适宜性，以及施工顺序的安排是否符合施工工艺要求。

（4）施工人员、机械、材料等资源供应计划满足施工进度计划需要和施工强度的合理性及均衡性。

（5）本施工项目与其他各标段施工项目之间的协调性，交叉作业的施工项目安排是否合理。

（6）是否符合建设单位提供的资金、设计文件、施工场地、物资等施工条件。

（7）编写、审核、批准程序是否符合要求。

（8）其他应审查的内容。

三、物资供应进度计划审查

施工承包商向建设单位项目经理部报物资供应进场计划，审核完成后报企业的物资采购部门。企业的物资采购部门编制物资采购供应计划并组织供货。油气田地面建设物资采购供应计划如图 10-3 所示。

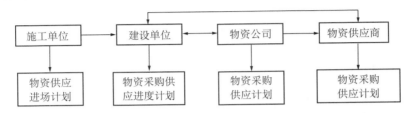

图 10-3 物资采购供应计划流程示意图

物资供应进度计划主要安排工程物资的采购、加工、储备、供货及使用。物资供应进度计划重点审查下述内容：

（1）物资供应计划是否能按施工进度计划需要及时供应设备、材料。

（2）因物资供应紧张或不足导致施工进度拖后的可能性。

（3）物资采购量及库存量安排是否经济、合理。

第四节 进度控制

油气田地面建设项目的进度控制是采用科学的方法、有效的措施，对建设项目的先后秩序、相互关系和各种资源等进行最优化的进度计划检查、调整，实现进度目标的控制，保证建设项目按预定的目标竣工投产。

一、进度控制程序

建设单位项目经理部应监督参建各方执行已批准的项目进度计划，分析项目进度风险，落实进度控制措施；建立项目进度报告制度，定期召开现场进度协调会议，分析进度偏差原因，采取相应措施，确保项目按计划进度实施。

（一）进度检查和落实

建设单位项目经理部应定时定期的组织检查进度计划实施情况，收集反映实际进度的有关数据，并对检查中发现的进度快慢问题提出整改意见，并跟踪落实。将实际进度与计划进度相比较，以判定实际工程进度是否出现偏差。如进度出现偏差，进一步分析偏差产生的原因及对进度控制目标的影响。

（二）进度情况比较

项目经理部定时定期跟踪项目实际进度情况，在进度计划图上直接用文字、数字、适当的符号或列表的方法将项目实际进度与计划进度相比较，明确进度偏差及原因。

（三）进度计划纠偏

（1）在项目实施全过程中，定期召开监理例会和项目协调会，及时解决影响进度的问题，对比实际进度与计划进度、是否存在其他问题，共同讨论并决议项目进度安排情况。特殊情况可召开专项会议，如设计、施工质量、安全、物资供应等专项会议，以保障建设项目进度计划的实施。

（2）建设单位和施工承包商的项目部实时掌握进度偏差情况，具体分析进度偏差产生原因，采取组织措施、技术措施、经济措施及合同措施等纠正进度偏差。建设单位项目经理部根据进度偏差对总工期的影响情况，确定是否需要调整某个工序的进度计划和作业时间，以确保总工期目标的实现。

（四）进度控制信息

重大工程项目应建立进度控制信息系统。项目信息门户（PIP）、项目管理信息系统（PMIS）可实现对进度控制信息的有效管控。项目管理信息系统主要包括项目进度控制、合同管理及系统维护等功能模块，可实现项目计划图表的绘制、关键线路的计算、项目计划的制订、调整及动态控制等，并将实际进度与计划进度相比较，找出偏差，分析原因，采取措施，从而达到控制效果。

（五）进度控制报告

重大工程项目应形成进度控制报告。进度控制报告通过对项目进度监测、检查及比较分析，反映项目实际进展情况，进行进度控制以及进度安排。进度控制报告主要包括进度计划实施情况、进度问题及原因分析、拟采取的措施、改进建议等内容。进度控制报告一般按规定日期编制上报，重点环节编制例外报告。报告的格式可参考下述目录：

1. 编制依据

（1）审批合格的进度计划。

（2）进度计划实施记录。

（3）进度比较分析情况。

（4）进度计划调整资料。

2. 报告内容

（1）进度目标完成情况。

（2）进度控制中存在问题及原因分析。

（3）进度控制方法应用情况。

（4）进度控制经验及改进意见。

二、进度偏差原因分析

（一）建设单位对项目进度的影响

（1）未按期提供工程建设所需的技术资料，如勘察、设计文件提交不及时等。

（2）提供的施工现场、物资等准备工作完成不足。如土地征（占）用、甲供物资等未按开工计划日期前提供。

（3）未按合同规定及时支付工程款。

（4）设计交底不清，承包方对设计意图理解不够，造成对技术处理方面的分歧而影响建设进度。

（5）设计变更频繁，工程量变化大或返工。

（6）建设单位和设计单位对施工中出现问题处理不及时。

（二）施工承包商自身对项目进度的影响

（1）《施工组织设计》落实不到位。

（2）施工技术方案、人员、机械变动频繁。

（3）现金流状况差，自购材料、设备等供不应求，人员投入和效率低。

（4）施工质量及施工安全事故的发生。

（5）现场管理力度差、施工调度失灵。

（6）与建设、设计等单位配合不协调等。

（三）监理单位对项目进度的影响

（1）人员不足、进度控制不力，履行职责不到位。

（2）与业主、设计及施工承包商配合不协调等。

（四）不可抗力因素引发的进度影响

（1）自然原因：火灾、旱灾、地震、风灾、大雪、山崩等。

（2）社会原因：战争、动乱、政府干预、罢工、禁运、市场行情等。

（五）工期提前所引起的进度影响

（1）由原来的流水施工改变成平行施工。

（2）关键工序上的作业时间缩短。

（3）工程量的变更、减少引起的工期缩短。

三、进度控制措施

（一）对设计单位的进度控制措施

（1）督促设计承包商及时组建设计团队。

（2）及时协调设计承包商解决相关问题。

（3）制订相应的经济考核措施。

（4）通过设计合同明确设计任务进度，保证出图时间及质量。

（二）对施工承包商的进度控制措施

（1）督促健全项目管理的组织体系。

（2）督促施工承包商进度计划的执行。

（3）按合同要求及时支付预付款、工程进度款，对工期延误损失进行索赔。

（4）鼓励使用先进施工技术，提高工效。

（5）施工承包商因自身原因导致工期延误，采取改进措施仍不能避免工期延误事件发生，或工期延误事件持续发展，则建设单位有权拒绝施工承包商的工程款支付申请，同时施工承包商应向建设单位支付工期延误损失赔偿金。

（6）施工承包商因自身原因导致工期延误，经书面通知仍不采取有效措施，则建设单位有权按施工合同约定取消其承包商资格。

（三）对物资供应的进度控制措施

（1）及时掌握物资供应动态，确保物资按计划到场。

（2）对不合格的物资及时调换。

四、工期计划调整

在工期计划执行过程中，一般会出现按期完成、提前完成、延期完成三种情况，建设单位希望每一个建设工程项目按进度计划执行，按期完成设计文件施工内容，达到投产要求并产生效益。

在项目施工全过程，建设单位项目经理部采取各种工期管理措施，控制、调整进度计划执行，杜绝工期延误发生。避免片面强调工期，忽视质量、安全管理。

工程延期的处理应符合相关规定要求，延期的条件依据《中国石油天然气股份有限公司油气田地面建设工程项目开工报告管理规定》文件要求，工程项目不能按规定开工的，应及时办理开工延期手续。工程项目不能按合同工期竣工的，应及时办理竣工延期手续。

建设工程各参建方根据已办理的延期手续，及时调整各级进度计划，并按进度计划审批权限履行审批手续。

第十一章 投 资 管 理

油气田地面建设项目投资管理主要包括：项目的估算、概算、预算管理，实施阶段的工程变更、预付款和进度款管理，竣工验收阶段的竣工结算管理和竣工决算管理。

第一节 投资管理原则及计价依据

一、管理原则

（1）投资应遵守国家的法律法规，符合国家的发展政策。

（2）投资必须注重风险，保证资金运行安全，确保投资效益。

（3）投资符合企业的发展战略，投资项目应统一纳入公司投资计划，坚持以市场为导向，以效益为中心，以集约化经营为手段。

（4）须与资产结构相适应，规模适度，总量控制。

（5）全过程控制，严格执行项目审批程序，确保初设概算不超可研估算，施工图预算不超初设概算，竣工结算不超施工图预算。

二、计价依据

中国石油造价管理中心每年定期或不定期发布石油建设安装工程费用定额。

各油气田公司根据集团公司"石油建设安装工程费用定额"及相关要求，并参考执行行业及工程所在地的省市级政府发布的计价依据，制定各油气田区域内油气田地面建设安装工程及建筑、装饰、电力、道路、市政、仿古、园林、通信、广播电视等工程以及材料等计价依据。

第二节　估算管理

　　项目投资估算是可行性研究报告的重要组成部分，一般由建设单位委托具有相应资质的勘察设计单位编制，按照分级管理原则由负责审批可行性研究报告的部门或领导批准执行。原则上可行性研究报告一经批准，批准的投资估算额即成为建设项目投资的最高限额。

第三节　概算管理

一、初步设计概算的编制原则及要求

　　（1）设计概算原则上应控制在批准的可行性研究报告投资估算之内。超过批准可行性研究报告投资估算 10% 及以上的，必须重新编制可行性研究报告并按程序报审。超过批准可行性研究报告投资估算 10% 以内的，按照审批权限分级复审。

　　（2）严格执行国家的建设方针和经济政策的原则。

　　（3）完整、准确地反映设计内容的原则。

　　（4）坚持结合拟建工程的实际，反映工程所在地当时价格水平的原则。

二、初步设计概算编制与审批

　　初步设计概算与初步设计文件同步编制与审批。

　　初步设计概算必须由具有资质单位的持有相应造价资格证书的造价专业人员编制，审核以及从事油气田地面建设工程造价相关工作人员也应持有造价资格证书。

（一）初步设计概算编制依据

（1）批准的可行性研究报告、批复文件和其他立项文件。

（2）设计工程量（初步设计文件或扩大初步设计的图纸及说明）。

（3）项目涉及的国家、石油及其他行业或地区颁发的概算指标、概算定额或综合指标、预算定额、设备材料预算价格等资料。

（4）国家、行业和地方政府有关法律、法规或规定。

（5）资金筹措方式。

（6）正常的施工组织设计。

（7）项目涉及的设备、材料供应及价格。

（8）项目的管理（含监理）、施工条件。

（9）项目所在地区有关的气候、水文、地质地貌等自然条件。

（10）项目所在地区有关的经济、人文等社会条件。

（11）项目的技术复杂程度，以及新技术、专利使用情况等。

（12）其他相关文件、合同、协议，以及审查意见等。

（二）初步设计概算的主要内容

1. 初步设计概算文件组成

（1）封面、签署页、目录。

（2）编制说明。

（3）总概算表。

（4）其他费用计算表。

（5）进口设备、材料货价及从属费用计算表。

（6）单项工程综合概算表。

（7）单位工程概算表。

（8）附件（包括补充单位估价表、相关资料）。

2. 初步设计概算投资构成

建设工程项目初步设计概算投资构成见表11-1。

（三）初步设计概算编制单位的审查与签署

概算文件须经编审人员签署方可有效，封面应加盖编制单位公章或单位资质证章，签署页应加盖执业或从业资格证章。

概算文件签署页原则上按概算负责人、概算审核人、概算审定人、项目负责人、总经济师（总工程师）、编制单位负责人顺序签署。

总概算表、单项工程综合概算表原则上签署编制人、校对人、审核人、审定人，其他各表签署编制人、校对人、审核人，均在首页签署。

表 11-1　建设工程项目投资构成表

建设工程项目投资构成	建设投资	第一部分 工程费用	建筑安装工程费
			设备、工器具购置费
		第二部分 工程建设其他费用	土地使用费
			建设管理费
			可行性研究费
			研究试验费
			勘察设计费
			专项评价费
			场地准备及临时设施费
			引进技术和进口设备其他费
			工程保险费
			特殊设备安全监督检验费
			补偿费
			联合试运转费
			生产准备费
		第三部分 预备费	基本预备费
			涨价预备费
		第四部分	建设期利息
	流动资产投资	铺底流动资金	

（四）初步设计概算调整

初步设计概算投资批准后，原则上不得调整。确需调整概算时，由建设单位分析调整原因报主管部门同意后，由原编制单位调整概算，按审批程序报批。凡因建设单位自行扩大建设规模、增加工程内容、提高建设标准等增加的投资，不予调整。

调整概算的因素主要包括以下几项：

（1）原设计范围的重大变更，包括建设规模、工艺技术方案、总平面布置、主要设备型号规格、建筑面积等工程内容。

（2）预备费规定范围，不可抗拒的原因引起的工程变更或费用增加。

（3）重大政策性调整，超出价差预备费范畴的内容。

需要调整概算的建设项目，在影响工程投资的主要因素已经清楚、工程量大部分已经完成后（一般应在 70% 以上）方可调整，一个建设项目只允许调整一次概算。

调整概算编制要求与深度、文件组成及表格形式同原设计概算，调整概算还应对设计概算调整的原因做详尽的分析、说明，并编制调整前后概算对比表，包括总概算对比表、综合概算对比表。

在上报调整概算时，应同时提供调整概算的相关依据。

第四节　施工图预算管理

一、施工图预算编制依据

（1）国家、行业、地方政府发布的计价依据、预算定额、有关法律法规及相关规定。

（2）建设项目有关文件、合同、协议等。

（3）批准的设计概算。

（4）批准的施工图设计图纸及相关标准图集和规范。

（5）合理的施工组织设计和施工方案等文件。

（6）项目所在地定期发布的材料价格及与项目有关的设备、材料供应合同、价格及相关说明书。

（7）项目的技术复杂程度，以及新技术、新工艺、专利使用情况等。

（8）项目所在地区有关的气候、水文、地质地貌等自然条件。

（9）项目所在地区有关经济、人文等社会条件。

二、施工图预算编制与报批

施工图预算编制与报批程序见图 11-1。

（一）施工图预算

施工图预算必须由具有相应专业资质的单位和造价专业人员编制，与施工图设计文件同时交付；审核以及从事油气田地面建设工程造价相关工作的人员也应持有造价资格证书。对于公司业务发展计划安排的小区块工程和小型简单工程预算（包括油气田维护工程），由建设单位自行或委托编制。

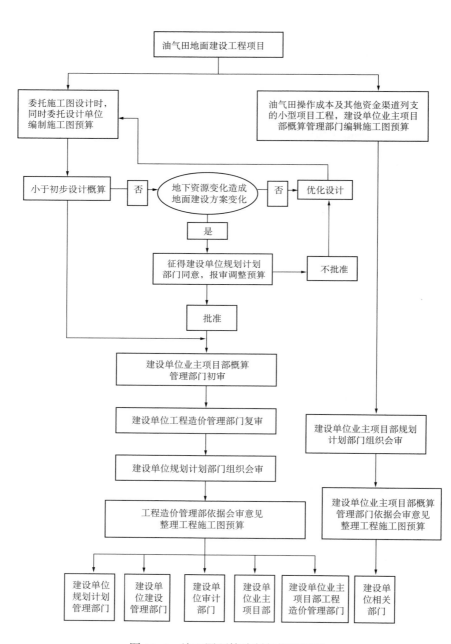

图 11-1　施工图预算编制与报批程序

1. 施工图预算文件的主要内容

1）施工图预算文件的组成

（1）封面、签署页及目录。

（2）编制说明。

（3）总预算表。

（4）综合预算表。

（5）单位工程预算表。

（6）附件。

2）施工图预算的构成

施工图预算由建设项目总预算、单项工程综合预算和单位工程预算组成。

建设项目总预算包括：建筑安装工程费、设备及工器具购置费、工程建设其他费用、预备费、建设期利息及铺底流动资金。

单项工程综合预算编制的费用项目是各单项工程的建筑安装工程费、设备及工器具购置费和工程建设其他费用总和。

单位工程预算是依据单位工程施工图设计文件、现行预算定额以及人工、材料和施工机械台班价格等，按照规定的计价方法编制的工程造价文件。

建设项目总预算由单项工程综合预算汇总而成，单项工程综合预算由组成本单项工程的各单位工程预算汇总而成，单位工程预算包括建筑工程预算和设备及安装工程预算。

2. 施工图预算编制要求

（1）施工图预算必须控制在批准的工程概算之内，若超出概算，应修改施工图设计或报批调整概算。

（2）人工、材料用量按工程用量加合理操作损耗确定。

（3）预算编制应根据实际工程具体情况，符合便于使用、便于管理的原则。

（4）每个预算编制的项目应齐全，甩项部分应在编制说明中注明。

（5）预算编制一律利用指定造价软件编制。

（6）批准后的施工图预算除遇重大设计变更、地质部署调整、政策性调整及不可抗力等因素可以调整，一般不得调整。调整的施工图预算要对工程预算调整的原因做详尽分析说明，调整内容在调整预算总说明中要逐项与原批准预算对比，并编制调整前后施工图预算对比表。

（二）施工图预算审批

油气田地面建设项目施工图预算由建设单位相关部门组织初审、复审，必要时应组织会审。

油气田操作成本及其他资金渠道列支的小型项目工程，建设单位概预算管理部门编制或委托编制施工图预算，建设单位相关部门组织会审。

第五节　项目实施过程管理及工程结算

一、工程变更管理

工程变更应由各油气田公司根据本油气田建设实际，制定有可操作性的变更办法发布执行。本节给出原则性建议及要求事项。

（一）工程变更分类

油气田地面建设工程变更主要包括：设计变更（含设备材料改代）和现场签证。

（1）设计变更是指工程项目初步设计批准之日起至通过竣工验收正式交付使用之日止，对已批准的设计技术文件、初步设计文件或施工图设计文件所进行的修改、完善活动。其中，设计变更以《设计变更单》处理；材料代用以《设备材料改代核定单》处理。

（2）现场签证是指施工企业就施工图纸、设计变更所确定的工程内容外，施工图预算或预算定额取费中未含有而施工中又实际发生费用的施工内容。一般以《现场经济签证单》处理。

工程变更文件包括：《设计变更单》《设备材料改代核定单》《现场经济签证单》及工程变更图纸和相关的证明资料，设计联络单不属于工程或设计变更文件。工程变更图纸设计要求和深度等同原设计文件。

（二）工程变更原则

（1）不得降低工程使用标准。

（2）应符合相关的技术规范要求。

（3）对造价和工期的影响经济合理。

（4）必须符合合同条款及国家、股份公司相关规定，要有利于合同目标的实现。

（5）变更处理要及时，不得影响工程进度。

（6）变更要有利于建设单位的管理。

（三）工程变更适用条件及工作内容

工程变更适用条件及工作内容见表 11-2。

表 11-2　工程变更适用条件及工作内容表

类别	设计变更	现场签证
适用范围	（1）需要改变工程的建设地点、处理规模、工艺技术路线、主要设备选型等。 （2）改变施工图设计中有关标高、基线、位置和尺寸等。 （3）施工图设计中存在错、漏、碰、缺等。 （4）对工程材料进行替代	（1）适用于施工合同以外零星工程的确认。 （2）非施工单位原因引起的工程量或费用增减。 （3）非施工单位原因导致的人工、设备窝工及有关损失。 （4）设计变更导致的工程施工措施费增减等
变更申请	一般由建设单位（项目组）、设计单位、施工单位、监理单位分别或共同提出变更申请	一般由施工单位提出变更申请
处理方式	设计变更以设计变更单处理；材料代用以设备材料改代核定单处理	现场签证以现场经济签证单处理
审批管理	由各油气田公司（建设单位）根据具体情况依据变更内容和金额制定办法执行	由各油气田公司（建设单位）根据具体情况依据变更内容和金额制定办法执行
费用处理	变更费用计入追加合同价款，与工程进度款同期支付，最后从"暂列金额"项目中开支	变更费用按发生原因处理。计入现场签证费用，从"暂列金额"开支，与工程进度款同期支付

（四）工程变更价款确定

（1）合同中已有适用于工程变更的价格，按合同中已有的价格确定变更价款。

（2）合同中只有类似于工程变更的价格，可以参照类似价格确定变更价款。

（3）合同中没有适用或类似于工程变更的价格，由工程所在单位或片区的工程造价管理部门测算后确定变更价款。

（五）工程变更审批程序

按照工程变更的分类，并结合油气田地面工程实际，对工程变更审批程序划分如下：

（1）设计变更审批程序（图 11-2）：由变更发起单位提出设计变更申请→建设单位审批→建设单位下达设计变更指令→设计单位编制设计变更文件→设计变更文件审批并实施。

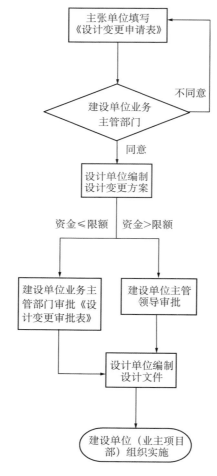

图 11-2　设计变更审批程序

（2）现场签证审批程序（图 11-3）：施工单位提出现场签证申请→业主项目部、监理单位、施工单位等共同现场核实工作量并明确费用→报建设单位主管部门审批→施工单位组织实施。

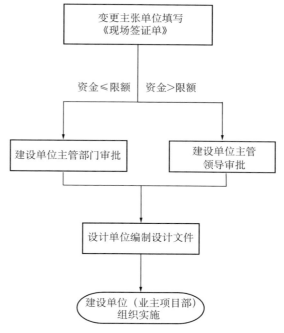

图 11-3　现场签证审批程序

（六）工程变更管理要求

（1）由于施工不当或施工错误造成的变更费用不予处理，由施工单位自负，若对工期、质量、投资效益造成影响，还应按照合同约定进行费用扣减。

（2）由于设计错误或缺陷造成的变更费用，以及采取的补救措施，如返修、加固、拆除所生的费用，应按合同约定对设计单位进行费用扣减。

（3）设计变更应视作原施工图纸的一部分内容，所发生费用计算应保持一致，并根据合同条款按国家、集团公司有关政策进行费用调整。

（4）若发生拆除，已拆除的材料、设备或已加工好但未安装的成品、半成品，均应由监理人员负责组织建设单位回收。

（5）现场签证办理要避免重复，必须注意签证单上的内容与合同承诺、设计图纸、预算定额、费用定额、预算定额计价、工程量清单计价等所包含的内容是否有重复，对重复项目内容不得再计算签证费用。

（6）现场签证处理要及时，应当做到一次一签证，一事一签证。

二、工程结算

工程结算是指施工企业按照合同和已完工程量向建设单位（业主）办理工程价清算的经济文件。工程结算包括工程款预付、工程进度款支付和工程竣工结算。

（一）工程预付款

1. 支付条件和原则

油气田地面工程预付款的支付数额、时限与抵扣方式必须在合同中约定，并在进度款中进行抵扣。凡未签订合同或不具备施工条件的工程，建设单位不得预付工程款，不得以预付款为名转移资金。预付款支付额度与工程总价款的限额比例应在合同中予以明确。

2. 支付时间与资料

在具备施工条件的前提下，建设单位应在双方签订合同后的一个月内或不迟于约定的开工日期前的 7 天内预付工程款。办理工程预付款支付时施工单位应提供如下资料：

（1）《工程预付款申请表》。

（2）《工程预付款结算审批单》。

（3）建设单位主管部门要求的其他资料。

3. 支付程序

预付款支付审批程序见图 11-4。

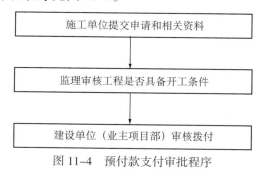

图 11-4　预付款支付审批程序

（二）工程进度款

1. 工程计量

工程计量一般由建设单位、监理工程师与施工单位共同计量并确认，计量方法根据工程实际可采用实地测量计量法、图纸记录计算法、分解计量法、凭据法。

所有计量项目（变更工程除外）应该是工程量清单中的所列项目。施工单位必须完成计量项目的各项工序，并经中间交工验收质量合格才予以计量；工程未经质量验收合格的项目不予计量；工程计量主要文件及附件签认手续不完备或资料不齐全的不予计量；隐蔽工程在覆盖前计量应得到确认，否则不予计量，仅列为施工单位应做的附属工作。

施工单位应当按照合同约定的方法和时间，向建设单位（或业主项目部）提交已完工程量的报告。建设单位（业主项目部）接到报告后14天内核实已完工程量，并在核实前1天通知施工单位，施工单位应提供条件并派人参加核实，施工单位收到通知后不参加核实，以建设单位（业主项目部）核实的工程量作为工程进度款支付的依据。建设单位（业主项目部）不按约定时间通知施工单位，致使施工单位未能参加核实，核实结果无效。

建设单位或业主项目部收到施工单位报告后14天内未核实完工程量，从第15天起，施工单位报告的工程量即视为被确认，作为工程进度款支付的依据，双方合同另有约定的，按合同执行。

2. 支付条件和原则

油气田地面工程进度款的支付严格按照合同约定执行。合同中应明确工程进度款的支付方式、数额和时限，并在施工阶段严格执行，以避免因支付不及时或支付纠纷影响工程的施工质量与进度。进度款支付额度与工程总价款的限额比例应在合同中予以明确，且合同中包含甲方供料的部分，应从工程进度款中扣除。

3. 进度款支付

1）提供材料

办理工程进度款支付时施工单位应提供如下资料：

（1）《工程进度款审批表》。

（2）《工程进度款结算签认单》。

（3）《工程进度及工作量确认单》。

（4）《现场签证审批单》。

（5）《设计变更审批单》。

2）支付方式

（1）按月结算与支付，即按月支付进度款，竣工后清算的办法，合同工期在两个年度以上的工程，在年终进行工程盘点，办理年度结算。

（2）分段结算与支付，即工程按照工程形象进度，划分不同阶段支付工程进度款。具体划分应在合同中明确。

（3）《合同文本》。

（4）建设单位主管部门要求的其他资料。

3）支付程序

进度款支付审批流程见图11-5。

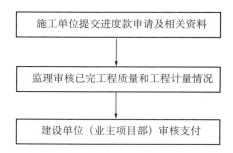

图11-5　进度款支付审批流程

（三）工程竣工结算

1. 工程竣工结算条件

单项工程（单位工程）完工交接合格后即可办理竣工结算手续。

建设单位在检查过程中发现的不合格的乙方供料部分以及由于施工单位原因造成的甲供料或其他损失应从其合同结算价款中扣除。

2. 工程竣工结算依据

（1）国家、行业现行的有关标准和规范。

（2）施工合同。

（3）工程竣工图纸及资料。

（4）双方确认的工程量。

（5）双方确认追加（减）的工程价款。

（6）双方确认的工程变更事项及价款。

（7）招、投标文件。

（8）建设单位主管部门要求的其他资料。

3. 工程竣工结算费用构成

竣工结算工程价款 = 预算或合同价款 + 施工过程中预算或合同价款调整数额 – 预付及已结算工程价款。

4. 工程竣工结算程序

工程竣工结算基本管理程序如图 11-6 所示。

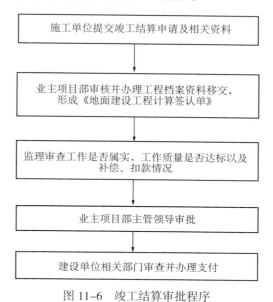

图 11-6 竣工结算审批程序

第六节 项目竣工决算与竣工决算审计

一、竣工决算

（一）竣工决算条件及原则

依据中国石油天然气股份有限公司工程建设项目竣工验收管理规定，结合国家有关规定，油气田地面工程项目竣工决算编制工作应在项目竣工验收前完成。

在竣工决算未经批复之前，建设单位项目管理机构不得撤销，项目负责人及财务主管人员不得调离。竣工决算文件应由建设单位财务部门编制。

（二）竣工决算编制

1. 竣工决算编制依据

主要包括以下内容：

（1）经批准的可行性研究报告及其投资估算书。

（2）经批准的初步设计及其概算书。

（3）经批准的施工图设计及其施工图预算书。

（4）设计交底和图纸会审会议纪要。

（5）招投标、合同、工程结算资料。

（6）工程变更资料及其他施工发生的费用记录。

（7）竣工图及各种竣工验收资料。

（8）工程质量鉴定、检验等有关文件，工程监理等有关资料。

（9）上级主管部门对工程的指示、文件及其他有关的重要文件。

（10）有关财务核算制度、办法和其他有关资料、文件等。

2. 竣工决算编制内容

主要包括以下内容：

（1）竣工财务决算说明书。

（2）竣工财务决算报表。

（3）工程竣工图。

（4）工程造价对比分析。

二、竣工决算审计

详见"第十四章竣工验收管理"。

第十二章　资料和信息管理

　　建设项目资料是指建设项目在立项、审批、招投标、勘察、设计、采购、施工、监理及竣工验收等全过程中形成的信息记录，包括文字、图表、声像等各种载体形式的全部文件。具有保存价值的，应当归档保存，归档保存的项目资料叫建设项目档案，不归档但需要短期保存的资料，其保管期限还应满足报批、备案、转资、审计、后评价、优质工程评选等工作的需要，具有共享价值或需要送到其他单位审签流转的，还应做好及时传递等信息管理工作。

第一节　一般规定

　　参与工程建设的建设、勘察、设计、施工、监理、无损检测等单位均负有项目资料管理和信息管理的责任，项目资料管理和信息管理应贯穿于项目管理全过程。

一、基本要求

　　（1）对与工程建设有关的重要活动、记载工程建设主要过程和现状的各种载体的文件，均应收集齐全，具有保存价值的，由相关责任单位整理立卷后归档。

　　（2）工程文件的形成和积累应纳入工程建设管理的各个环节和有关人员的职责范围。

　　（3）工程文件应随工程建设进度同步形成，不得事后补编。

　　（4）每项建设工程应编制一套电子档案，随纸质档案一并移交。

（5）项目资料应内容齐全，格式统一，按时编写、审签和传递，全面收集，系统整理，科学立卷，及时归档。

（6）建设单位应加强对项目文件形成、收集、整理等过程控制，保证项目资料完整、准确、系统。

资料完整是指按《建设工程文件归档规范》《中国石油天然气股份有限公司建设项目档案管理规定》《中国石油天然气股份有限公司建设项目审计管理办法》《中国石油天然气股份有限公司油气资产及固定资产转资管理暂行办法》等相关文件，将建设项目过程中应当收集的项目文件，全部收集齐全。

资料准确是指项目资料的内容真实反映建设项目的实际情况和建设过程，图物相符，签字手续完备。

资料系统是指项目资料按其形成规律，保持各部分之间的有机联系，分类科学，组卷合理。

（7）项目资料应便于检索和追溯，以提高信息共享、论证决策等管理工作效率。

（8）项目资料及其管理工作应符合相关法律、法规、规范、标准等相关文件要求，包括但不限于以下内容：

①《建设工程文件归档规范》（GB 50328—2014）。

②《科学技术档案案卷构成的一般要求》（GB/T 11822—2008）。

③《电子文件归档与管理规范》（GB/T 18894—2002）。

④《国家重大建设项目文件归档要求与档案整理规范》（DA/T 28—2002）。

⑤《归档文件整理规则》（DA/T 22—2015）。

⑥《中国石油天然气股份有限公司建设项目档案管理规定》。

⑦《中国石油天然气集团公司建设项目档案管理规定》。

⑧《油气田地面建设工程（项目）竣工验收手册》。

⑨《油气田地面建设工程（项目）资料管理》。

（9）项目可行性研究、任务书，以及项目管理文件和竣工验收文件应按照《归档文件整理规则》进行整理。项目竣工文件应按照《科学技术档案案卷构成的一般要求》和《国家重大建设项目文件归档要求与档案整理规范》进行整理。图纸应按照《技术制图复制图的折叠方法》（GB/T 10609.3—2009）要求统一折叠。电子文件应符合《电子文件归档与管理规范》。

二、过程要求

（一）建设单位资料管理工作流程

建设单位应按下列流程开展工程文件的整理、归档、验收、移交等工作：

（1）在工程招标及与勘察、设计、施工、监理等单位签订协议、合同时，应明确竣工图的编制单位、工程档案的编制套数、编制费用及承担单位、工程档案的质量要求和移交时间等内容。

（2）收集和整理工程准备阶段形成的文件，并进行立卷归档。

（3）组织、监督和检查勘察、设计、施工、监理等单位的工程文件的形成、积累和立卷归档工作。

（4）收集和汇总勘察、设计、施工、监理等单位立卷归档的工程档案。

（5）收集和整理竣工验收文件，并进行立卷归档。

（6）在组织工程竣工验收前，提请档案管理机构对工程档案进行预验收；未取得工程档案验收认可文件，不得组织工程竣工验收。

（7）对列入城建档案管理机构接收范围的工程，工程竣工验收后3个月内，应向当地城建档案管理机构移交一套符合规定的工程档案。

（二）建设单位项目资料的过程管理要求

建设单位项目资料的过程管理应符合下列要求。

1. 内部文件编制

（1）业主项目部成员应根据相关文件规定，履行工作职责，按时、如实记录本岗位工作实施情况，起草相关的报批文件，形成项目资料。

（2）专岗负责整理、编制项目资料的人员，应严格遵循原始记录。

（3）项目资料的内容应填写齐全，有标准格式要求的，应采用标准格式，没有标准格式要求的，业主项目部应规定统一的格式。

（4）业主项目部应制定统一的项目资料编号规则。项目资料编号应具有唯一性，且应遵循易懂、易用的原则，便于计算机管理，实现资料与工程实体、资料与工作过程之间双向追溯的功能。

2. 审签

（1）业主项目部成员应按照岗位职责要求，审核签认（以下简称审签）来自内外部的文件。

（2）需要向其他部门或单位报批的文件，应及时办理审签手续。

（3）审签人应根据岗位职责及相关规定，按时审核项目资料的格式和内容，无误后，签名确认，规定加盖机构公章的，应加盖机构公章。

（4）不得越权审签，需要代签的，应有合法的委托授权，无合法委托的代签资料，视为无效。

（5）审签时需要签署意见的，意见应明确，如"同意 / 不同意、合格 / 不合格、符合要求 / 不符合要求"等。

（6）进入档案的项目资料不得随意修改，需要修改时，应首选销毁原稿重新编制并履行审签手续，必须在原稿上修改的，应进行划改，划改方式应符合《油气田地面建设工程资料管理》和股份公司档案管理相关文件的要求。

3. 收集

（1）资料管理岗位人员负责项目资料收集工作，其中项目合同实行统一管理，并明确专人负责。内部文件编制、审签完成后，应及时移交给资料管理岗位人员，其他岗位人员如有需要，可通过借阅、复印等方式获取相关信息。来自外部的文件，统一由资料管理岗位人员接收登记，然后通知项目经理或其授权人员按相关规定进一步处置。

（2）应建立文件接收台账，需要进一步处置的文件，应附文件处理单跟踪处置情况，文件处理单应与相应的文件一起保存。

（3）有存档要求的项目资料应为原件；当为复印件时，提供单位应在复印件上加盖单位印章并注明原件存放处，并应有经办人签字及日期。提供单位应对资料的真实性负责。

（4）提供项目资料的人员，应同时提供电子版，没有电子版的，由资料管理岗位人员在第一时间制成电子版。

（5）由建设单位负责归档的项目，施工单位或项目总承包单位应按照立卷、归档的要求整理、立卷后，向建设单位移交。

4. 整理

（1）资料管理岗位人员负责项目资料整理工作。

（2）临时保存资料的房间、档案柜、存储设备等硬件环境应满足档案安全的需要。

（3）纸版项目资料整理应遵循便于追溯的原则，分类、组合、排列、编目应科学合理，符合股份公司的相关规定，推荐按照本章附表规定的类别、次序进行整理，建立目录，及时更新。

建设单位应收集的资料目录见附录 1。

（4）电子版文档整理时，分类、组合、排列、编目等应与纸版文档整理保持一致。

（5）应建立文件发放台账，接收文件的人员应签字确认。

（6）文件借阅、归还应有记录。

（7）应注重对文件原件的保护，防止损毁，需要借阅、复印的，优先考虑提供电子版的方案。

（8）归档范围以外没有保存价值的工程文件，文件形成单位可自行组织销毁。纸版文件需要销毁的，应经过主管人员批准，并保留销毁文件目录。

（9）有保密要求的文件处置，应符合保密工作要求。

（10）竣工验收前，建设单位应组织完成竣工文件的专项整理工作。竣工文件主要由勘察设计、施工、监理、无损检测、生产、建设单位按统一要求，分别进行整理汇编，主要包括建设项目的可行性研究、任务书，勘察设计文件，项目管理文件，施工文件，监理文件，无损检测文件，工艺设备文件，涉外文件，消防文件，生产技术准备、试生产，财务，器材管理，竣工验收文件等内容。具体要求应符合《油气田地面建设工程竣工验收手册》的规定。

三、职责

（1）项目建设单位负责组织协调和指导参建单位编制、整理和归档项目文件，并负责案卷质量的审查。

（2）项目建设单位和参建单位应根据各自职责范围或合同规定，按照建设项目档案管理规定要求，完成项目文件的编制、整理、归档工作。监理单位负责审核、签署项目竣工文件。

（3）建、管分开管理的建设项目，其形成的档案由双方共同协商，明确移交项目档案（包括电子文件）的范围、套数、版本、时间、质量要求等事宜，双方办理移交手续。

（4）采用项目管理承包等其他管理模式的建设项目，项目建设单位应在合同中明确双方对不同载体项目文件的管理职责、要求，并按照合同规定将项目文件归档。

（5）建设单位项目经理是项目资料管理工作的总负责人，其他参建单位和人员应予配合。

（6）其他参建单位的项目经理是各自项目的资料管理工作第一责任人，项目经理可授权项目技术负责人组织开展项目资料管理的具体实施工作，项目经理部成员按各自的分工和岗位职责，记录自己负责的工作过程，做好本岗位的项目资料管理工作。

（7）建设单位应及时向参与工程建设的勘察、设计、施工、监理等单位提供所需工程资料。

（8）建设工程项目实行总承包管理的，总包单位应监督、指导、审查分包商的项目资料管理工作，负责收集、汇总各分包商形成的工程档案，并应及时向建设单位移交；各分包商应将本单位形成的工程文件整理、立卷后及时移交总包单位。

（9）建设工程项目由几个单位承包的，各承包单位应负责收集、整理立卷其承包项目的工程文件，并应及时向建设单位移交；承包单位将部分工程分包的，承包单位应监督、指导、审查分包单位的项目资料管理工作，分包单位应将本单位形成的工程文件整理、立卷后及时移交承包单位。

（10）建设工程项目实行项目管理总承包的（PMC），建设单位可委托项目管理总承包商承担部分建设单位资料管理职责，委托范围在合同中约定。

（11）勘察、设计、施工、监理等单位应将本单位形成的工程文件立卷后向建设单位移交，合同中有规定的，经建设单位检查合格后，可直接到建设单位档案馆归档。

（12）项目资料形成单位应对资料内容的真实性、完整性、有效性负责；由多方形成的资料，应各负其责。

第二节　项目资料管理工作及要求

项目实施时期是指从正式确定建设项目（批准可行性研究报告）到竣工验收的时间段。

根据近年来股份公司管理方面的要求，在竣工验收后，建设单位还应完成转资产、备案登记和配合审计、后评价等工作，本章将这些统称为项目结束期的工作。

在项目实施及项目结束期间，建设单位（业主项目部）应按照以下的分类和说明进行项目资料的编制、审签、收集、整理、发放、借阅、销毁等管理工作。

项目阶段划分及资料形成过程示意图见图 12-1。

一、业主项目部筹建阶段的资料管理

（一）制定资料管理工作规划

业主项目部应按照相关规定，结合项目具体情况，建立健全项目资料管理制度，明确工作目标、岗位职责、程序方法、所需资源、资料内容、评价标准、完成时限、留存套数等方面的管理要求，必要时，可编制单行本的项目资料管理方案或项目资料管理计划。

项目资料管理方案或项目资料管理计划亦可在总体部署或项目管理手册体现，不单独成册。

1. 资料管理工作规划的编制依据

资料管理工作规划的编制，应以相关法律法规、相关标准规范、相关上级部门文件、企业内部相关制度、项目管理手册、项目总体部署等作为编制依据。

2. 资料管理工作规划的内容

资料管理工作规划应包括以下内容：

（1）工程概况：工程内容、工程划分、相关单位部门人员、关键工作列表。

（2）工作目标：总体工作目标、资料管理工作目标。

（3）工作依据：项目总体部署、项目管理手册、企业内部相关制度列表、上级部门的相关文件规定列表、相关标准规范列表、相关法律法规列表等。

（4）工作措施。

（5）工作准备：组织机构、岗位职责、人员计划、资源计划。

（6）工作程序：画流程图 + 文字描述。

（7）工作方法和要求：对应工作程序阐述。

（8）附件：项目应收集的资料目录（与关键工作对应的资料应齐全，可参照附录 1）。

（二）完成资料管理工作准备

1. 配置人员

业主项目部应按照项目资料管理制度或项目资料管理方案以及其他相关要求，设置项目资料管理岗位，有条件的，应配备专职人员。

工程资料管理人员应经过工程文件归档整理的专业培训。

2. 配置资源

业主项目部应按照项目资料管理制度或项目资料管理方案以及其他相关要求，配置计算机、打印机、扫描仪、复印机、照相机、摄像机、互联网设施、文件柜、应用软件等资源。

3. 其他准备

业主项目部应组织项目资料管理工作岗前内部培训或工作交底，说明项目资料管理工作的内容、职责、目标、程序、要求等。

业主项目部应及时向进场的承包商就项目资料管理工作进行交底。

（三）业主项目部筹建阶段的相关资料

1. 收集开发前期的资料

开发前期的资料一般由上级部门编制下达，其管理要求见表12-1。

表 12-1　开发前期资料管理要求

序号	资料名称	管理要求
1	中长期业务发展规划	
2	开发评价部署方案	开发评价部署方案是气田开发前期的评价立项依据，主要内容包括评价目标和部署原则、开发评价工作量部署与时间进度安排、投资估算、预期结果、风险分析与对策、健康安全环境与实施要求等
3	油藏评价部署方案或总体油藏评价部署方案	油藏评价项目的立项依据，对于不具备整体探明条件但地下或地面又相互联系的油田或区块群，例如复杂断块油藏、复杂岩性油藏以及其他类型隐蔽油气藏，应首先编制总体油藏评价部署方案，指导分区块或油田的油藏评价部署方案的编制

注：以上三项开发前期的资料已有专门的业务主管部门管理，因可能涉及企业商业机密，业主项目部是否需要收集，应根据审计或其他上级主管部门的要求确定。

2. 收集项目前期工作的资料

（1）项目（预）可行性研究资料。

项目（预）可行性研究资料见表12-2。

（2）项目专项评价及报批。

项目可行性研究阶段应根据国家及地方政府有关规定同时开展专项评价，专项评价资料见表12-3。专项评价应委托具有相应资质及业绩的专业机构承担，专项评价报告应按照有关规定获得政府相关部门批准。

不涉及新征土地、变更厂址的改扩建类项目，根据有关规定可适当减少专项评价内容。

表 12-2　项目（预）可行性研究资料

序号	资料名称	管理要求
1	可行性研究报告或开发方案	本资料由建设单位委托的承包商编制，完成后提交建设单位。建设单位应将项目可行性研究报告提供给专项评价机构，审批、核准或备案手续完成后，应转发给勘察承包商、基础设计承包商。 　　油气田开发方案是指导油气田开发的重要技术文件，是产能建设、生产运行管理、市场开发、长输管道立项的依据。 　　开发方案中的"地面工程方案"可视为油气田地面建设工程的项目（预）可行性研究报告。 　　完整的项目可行性研究报告应包括如下附件： 一、立项文件 （1）项目委托单位的委托书和与编制可行性研究报告单位签订的合同。 （2）上级主管部门下达的编制可行性研究报告的任务书。 二、相关文件 （1）项目建议书及批复文件。 （2）法人及出资文件。 （3）油田储量报告及国家矿产储量委员会的批复文件。 （4）油田的中、长期发展规划或油藏构造产能建设计划。 （5）油田开发方案及审批文件。 （6）环境影响报告书（或评价大纲）及审批文件。 （7）有关灾害性地质、地震及活动断裂带评价报告。 （8）有关地方部门的水土保持或沙化防治方案或法规。 （9）有关投资、开发、协作、经营、市场等方面的意向性协议或文件。 （10）其他与项目有关的文件，如专题报告、行政文件等
2	项目基础资料	以下资料由建设单位向承担可研工作的承包商提供，业主项目部成立后，负责收集齐全。 （1）油田地理位置及油藏构造分布图。 （2）附有井位坐标的油田井位布置图。 （3）油田区域的矿区公路现状图。 （4）油井单井资料：各油井采油层位、产油量、油气比或产气量、产液量、油层压力、原油及地层水物性、伴生气物性及组成分析。 （5）注水单井资料：各注水井注水量、注水压力及水质要求。 （6）气井单井资料：各气井采气层位、定产产量、定产条件下天然气井口流动温度、流动压力、套管压力、关井压力、井口气和液相产出物的组成分析。 （7）有下列特殊情况的油井、气井资料：产砂井、产气时形成水合物的气井、事故井和无油管井等。 （8）其他有关油气田资料

表 12-3　专项评价资料

序号	资料名称	管理要求
1	地震专项评价	
2	地质灾害专项评价	
3	水土保持专项评价	
4	土地复垦专项评价	
5	矿山地质环境保护与治理恢复专项评价	
6	矿产压覆专项评价	
7	环境影响专项评价	
8	安全专项评价	
9	职业病危害专项评价	
10	节能专项评价	
11	文物调查专项评价	
12	防洪专项评价	
13	社会稳定风险评估	
14	初步勘察报告	

（3）项目审批、核准或备案。

项目审批、核准或备案资料见表 12-4。

表 12-4　项目审批、核准或备案

资料名称	管理要求
项目审批、核准或备案文件	建设单位组织编制，主管部门审批、核准或备案后返回，新上项目应有后评价管理部门出具的意见，改扩建项目应有原项目的后评价报告

3. 收集项目管理机构组建初期的资料

项目管理机构组建初期资料见表 12-5。

表 12-5　项目管理机构组建初期资料

序号	资料名称	管理要求
1	业主项目部成立文件	
2	建设单位工程项目负责人及现场管理人员名册	
3	工程概况信息表	由业主项目部根据工程进展逐步完善，竣工验收前编制完成
4	项目管理模式选择方案	审批、备案手续应齐全
5	项目规章制度	
6	有效文件清单	
7	项目管理手册	含审批、备案手续，开工报告批复前发布实施

续表

序号	资料名称	管理要求
8	总体部署	项目管理机构组建后着手编制，初步设计批准后 20 日内完成
9	一级进度计划	项目总进度计划，依据可研，由业主项目部编制，建设单位批准，亦可包含在总体部署中
10	年度审计计划	业主项目部配合建设单位在上年度末向上级申报，上级主管部门发布
11	后评价工作规划和年度计划	由上级主管部门发布
12	文件收发台账	贯穿项目实施全过程，可作为总体部署或项目管理手册的内容
13	项目风险评价报告	
14	项目风险清单	
15	工程保险及变更通知	
16	其他文件	业主项目部编制的工作月报、工作总结、会议纪要、通知、通报等文件，应确定标准的格式，全过程管理

二、实施过程的资料管理

项目实施过程主要包括：招标与合同、勘察、设计、物资采购、工程监理、工程施工、试运行投产、竣工验收。

各个过程的资料管理工作内容和要求如下。

（一）招标与合同资料

本部分资料由建设单位负责立卷，见表 12-6。

表 12-6　招标与合同资料

序号	资料名称	管理要求
1	招标方案、招标结果、可不招标事项的报批或备案手续	承担项目可行性研究报告编制和初步设计的单位，原则上不得成为同一项目的工程总承包商，特殊情况应按投资管理权限报批
2	委托专业机构组织招标的合同或协议	
3	招标过程应当公开的信息	按规定在招标信息发布平台中国石油招标投标网发布
4	招标文件	物资采购的技术标准、设计图纸等技术文件由设计单位提供
5	投标文件	投标保证金、履约保函、预付款保函等原件由财务部门专管，资料管理岗留复印件
6	工程服务合同	包括：勘察合同、设计合同、PMC 合同、EPC 合同、施工承包合同、监理合同、检测合同等，委托监理的，应向监理机构发放建设单位与被监理单位签订的相关合同、招投标文件

序号	资料名称	管理要求
7	安全生产（HSE）合同	是从合同，须与工程服务合同同步签订
8	物资采购合同	由物资采购部门提供
9	试运投产合同	
10	合同台账	
11	二级进度计划	依据一级进度计划，由业主项目部编制，在各承包商招标之前完成，应写入相应的招标文件，并成为合同条款的一部分
12	单项工程划分表	与合同标段划分一致，是单位工程划分的基础，应在招标前完成，体现在招标方案中
13	关于资料管理的合同条款	
14	合同交底记录	履行前，合同承办部门向合同执行单位和人员交底

（二）勘察资料

本部分资料由勘察单位编制，建设单位负责立卷。

（1）选址勘察报告。

（2）初步勘察报告。

建设单位应及时转发给初步设计设计单位。

（3）详细勘察报告。

建设单位应及时转发给施工图设计单位，必要时，还应转发给施工单位、监理单位。

（三）设计阶段的相关资料

设计文件由设计单位编制，完成后提交建设单位。

本部分资料中，除施工图外，均由建设单位负责立卷，见表12-7、表12-8和表12-9。

表12-7 初步设计资料

序号	资料名称	管理要求
1	基础设计文件	包括基础设计概算，建设单位组织的预审或审查工作记录，审查、审批、备案手续。 基础设计文件应按以下规定进行审批： （1）一类、二类项目由专业分公司审查，规划计划部会签后，报股份公司分管领导审批。 （2）三类项目由专业分公司审批，报规划计划部备案。 （3）四类项目由建设单位审批，报专业分公司备案
2	建设项目职业病防护设施设计审查的申请	建设单位向建设项目所在地安全生产监督管理部门提出建设项目职业病防护设施设计审查的申请

油气田地面建设项目管理手册

表 12-8　详细设计（施工图设计）资料

序号	资料名称	管理要求
1	详细设计文件	包括详细设计预算，定稿前由建设单位组织审查形成的审查意见，竣工图由施工单位在施工图的基础上整理立卷，其余详细设计文件由建设单位立卷
2	设计交底记录	建设单位组织，参建各方参加，本记录由设计单位编制，可采用会议纪要的形式，设计单位还应明确施工质量验收规范
3	图纸接收发放台账	
4	设计通知单接收发放台账	
5	设计变更单接收发放台账	

表 12-9　投资计划

序号	资料名称	管理要求
1	投资建议计划	项目基础设计批准后，建设单位应根据进展情况，分批上报投资建议计划
2	项目投资计划	主管部门审核投资建议计划后，下达投资计划

（四）物资采购的相关资料

本部分资料，除监造记录外，由建设单位负责立卷。

1. 物资采购计划

物资采购计划由建设单位或施工单位编制。

2. 特殊物资的采购审批手续

审批要求：项目进口机电产品的采购，以及涉及股份公司限制与禁止类引进工艺、技术、装备等的采购，应按照国家和股份公司有关规定，履行审批手续。基础设计批复前确需提前引进的工艺技术及提前采购的长周期设备，在项目可行性研究报告批复或项目核准后，由建设单位提出申请、设计承包商出具技术证明文件，经专业分公司初审，由规划计划部审查后报股份公司分管领导审批。

3. 监造记录

监造记录包括监造计划、监造实施细则、监造工作简报、监造报告以及合同约定的其他监造资料，由监造单位提供。

4. 技术协议

技术协议一般是采购合同的附件。

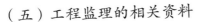
（五）工程监理的相关资料

1. 进场初期监理资料

监理机构进场后，应及时向建设单位报送以下文件：

（1）总监理工程师任命书。

（2）监理单位工程项目总监及监理人员名册。

（3）监理规划。监理规划中应包括监理资料管理方面的规定。

（4）监理实施细则。

2. 实施过程监理资料

工程实施过程中，监理机构应将以下文件提交给建设单位：

（1）开工令。

（2）停工令。

（3）监理通知单及回复。

（4）监理工作联系单。

（5）工程变更申请。

（6）人员变更申请。申报、审核、审批单位应各自归档。

（7）监理工作报告。

（8）停（必）监点报验情况管理台账。

（9）事故隐患报告单。参建各方的任何员工发现作业场所存在事故隐患后，应当立即向作业场所的负责人报告，由作业场所负责人填写本报告单。

（10）监理会议纪要。

（11）监理工作总结。

3. 对监理工作检查形成的资料

建设单位应根据监理合同和监理规划，对监理工作进行管理与监督，相关记录可写入工作月报、工作总结、会议纪要等。

建设单位可定期或不定期就监理资料质量进行专项检查，检查标准依据主要包括：总体部署、项目管理手册、监理规划。

（六）工程施工的相关资料

1. 施工单位应提交的资料

工程施工阶段，施工单位应向建设单位提交的资料见表12-10。

2. 建设单位应编制的资料

工程施工阶段，建设单位应编制的资料见表12-11。

表 12-10 施工阶段施工单位应向建设单位提交的资料

序号	资料名称	管理要求
1	图纸会审纪要	
2	图纸会审记录	图纸会审纪要或图纸会审记录可任选一种，施工单位编制，各方会签
3	施工组织设计及专项方案	建设单位审批备案
4	承包商互相签订的安全生产（HSE）合同	建设单位备案
5	总承包商与分包单位签订的安全生产（HSE）合同（建设单位备案）及分包单位安全资质	总承包商申报，建设单位审批
6	施工单位工程项目经理及主要管理人员名册	
7	人员变更申请	承包商的关键岗位或不可替换人员申请更换时，应向建设单位提交人员变更申请，批准后方可执行。申报、审核、审批单位应各自负责归档
8	承包商编制的安全教育培训计划	承包商根据合同规定编制，报建设单位备案
9	各承包商编制的应急预案	报监理单位和业主项目部备案
10	现场承包商人员的职业健康证明和安全生产责任险	承包商申报，建设单位审核备案
11	分包商短名单	施工单位编制上报，建设单位审批
12	经济签证	施工单位编制，各方会签
13	三级进度计划	承包商编制，建设单位备案
14	项目进度报告	承包商编制，报建设单位
15	作业许可证	承包商编制，建设单位审批，保存一年
16	上锁挂牌计划表	承包商编制，可作为其他安全管理文件的附件

表 12-11 施工阶段建设单位应编制的资料

序号	资料名称	管理要求
1	对现场承包商的入厂（场）安全教育记录，入场许可证	建设单位组织发放并做好登记
2	单位工程划分表	施工开工前完成，以单项工程划分表为基础展开，可委托监理单位组织，发施工承包商执行
3	工程质量监督注册申请书	建设单位向质量监督单位申报
4	开工前 HSE 审查工作记录	业主项目部组织开工前的 HSE 审查，并形成记录
5	开工报告	建设单位组织编制，上级主管部门批准

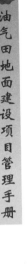

序号	资料名称	管理要求
6	对承包商关键岗位人员的考核记录	
7	建设单位开工前工作交底记录	开工前,建设单位应组织对相关承包商的工作交底会,交底记录可采用会议纪要的形式,与会各方代表应会签,转发各与会单位,其中,监理单位、监理的内容及监理权限须书面通知被监理单位。作业许可管理实施细则、作业许可工作范围清单应向施工、监理单位提供
8	生产安全综合应急预案、专项应急预案、现场处置预案(方案)和处置卡	建设单位或建设单位的上级部门编制,业主项目部收集、登记、发放等
9	建设单位应急演练记录	
10	应急准备评估	
11	应急处置与救援工作过程总结报告	
12	建设单位对承包商主要项目管理人员专项安全培训记录	
13	变更审批程序	建设单位编制,转发设计、施工、监理单位
14	应急处置卡发放计划表	承包商和建设单位各自编制,可作为其他安全管理文件的附件
15	其他申请批准手续	建设单位向主管部门申报
16	HSE 施工保护费拨款记录和使用记录	
17	声像资料	包括开工前原貌、施工阶段、竣工新貌照片和工程建设过程的录音、录像资料

3. 建设单位应收集的质量监督资料

工程施工阶段,建设单位应收集质量监督站编制的下列资料:

(1)工程质量监督注册证书。

(2)工程质量监督计划书。

(3)质量问题处理通知书。质量问题处理通知书由质量监督站下发,建设单位组织相关单位整改后,应形成相应的记录,这些记录应作为质量问题处理通知书的附件留存。

4. 建设单位应收集的其他单位资料

工程施工阶段,建设单位应收集其他单位编制的资料见表12-12。

表 12-12　施工阶段建设单位应收集的其他单位编制的资料

序号	资料名称	管理要求
1	施工现场及毗邻区域的地下管线资料、气象和水文观测资料、相邻建筑物和构筑物、地下工程的有关资料	可委托其他单位协助调查，建设单位向施工单位提供，对承包商进行安全技术交底或生产与施工界面交接时移交
2	供水、供电、通信、消防、土地、医疗等政府部门和企业通讯录	建设单位收集整理，转发各参建单位
3	工程变更通知单	设计单位编制，建设单位收集审核后，转发给施工单位、监理单位执行
4	用地许可证	建设单位向政府主管部门申报，政府主管部门批准后发放

5. 对承包商工作检查形成的资料

建设单位应根据承包合同和施工组织设计，对承包商的工作进行管理与监督，相关记录可写入工作月报、工作总结、会议纪要等。

建设单位可定期或不定期就施工资料质量进行专项检查，检查标准依据主要包括：总体部署、项目管理手册、施工组织设计、合同、技术协议等。

（七）试运投产相关资料

试运投产的相关资料见表 12-13。表中的 1 ~ 4 项，由施工单位起草并办理审签手续，完成后交建设单位备案，其余项由建设单位起草、编制或委托编制、报批和立卷。

表 12-13　试运投产相关资料

序号	资料名称	管理要求
1	单机试运行记录	建设单位应按合同约定，组织 EPC 总承包商、施工承包商和监理承包商进行项目单机试运行，并在试运行合格后签字确认
2	中间交接记录	单机试运行合格后，建设单位应按合同约定与 EPC 总承包商或施工承包商办理中间交接手续。施工单位编制，参与中间交接的各方会签
3	交工验收记录	建设项目、单项工程或独立单位工程在预试车完成后，施工单位和建设单位按规定内容所做的交接工作，填写"工程交工证书"。施工单位编制，参与交工验收的各方会签
4	压力容器取证手续	施工单位办理
5	试运行投产方案	建设单位应成立试运行投产组织协调机构，统一组织试运行投产工作，组织编制试运行投产方案，按程序审批后实施。涉及成品油、LNG 等危险化学品的项目，试运行投产方案应按有关规定报政府主管部门备案。建设单位组织生产单位编制，按程序审批

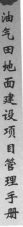

序号	资料名称	管理要求
6	生产人员培训记录	项目试运行投产前，建设单位应做好生产人员配备、培训以及技术、物资、资金、生产配套条件和产品市场营销等生产准备工作
7	专项应急预案	建设单位应梳理项目试运行投产和运行风险，编制专项应急预案，并组织应急演练。建设单位编制，应急预案应按规定备案
8	应急演练记录	建设单位组织并记录
9	环境保护试生产申请	
10	专项验收手续	包括但不限于：消防验收、竣工环境保护验收、安全设施验收、职业病防护设施验收、水土保持设施验收、土地利用验收、档案验收和竣工决算审计等
11	职业病危害控制效果评价	
12	各种协议	包括供水、供电、通信等
13	向生产单位移交的资料图纸记录	
14	生产考核记录	

（八）竣工验收相关资料

竣工验收相关资料见表12-14。表中资料由建设单位起草编制或申请报批的，建设单位负责立卷。竣工文件的收集、编制、组卷等要求，还应符合油气田地面建设工程竣工验收手册的规定。

表12-14 竣工验收相关资料

序号	资料名称	管理要求
1	专项验收手续	环境保护、安全设施、消防、职业病防护设施、项目建设档案等，建设单位收集并提交给竣工验收委员会
2	质量监督报告	质量监督单位编制，提交竣工验收委员会，建设单位存档
3	工程竣工结算书	承包商编制，提交建设单位审查或审计后，到财务部门办理结算手续，委托监理单位审查的，应先报监理单位审查
4	项目竣工决算报告	项目竣工结算后由建设单位编制，经审计通过后，提交竣工验收机构。施工决算文件和监理决算文件应作为项目竣工决算报告的附件
5	项目竣工决算审计报告	审计部门编制，建设单位应主动收集
6	初步验收意见	

续表

序号	资料名称	管理要求
7	单项工作总结	主要包括： （1）项目管理机构负责编制的项目管理工作总结。 （2）建设单位引进部门负责编制的引进工作总结。 （3）生产单位负责编制的生产准备及试运考核总结。 （4）勘察设计单位负责编制的勘察设计总结。 （5）施工单位负责编制的施工总结。 （6）建设监理单位负责编制的建设监理总结。 （7）设备监理单位编制的设备监理总结。 （8）无损检测单位编制的无损检测总结。 （9）材料设备采购部门负责编制的材料设备采购总结。 （10）建设单位负责编制的竣工验收报告书
8	竣工验收报告	建设单位负责编制，提交竣工验收机构
9	竣工验收鉴定书	
10	质量保修书	施工单位编制，竣工验收前提交，建设单位存档
11	建设项目档案验收申请表	建设单位编制
12	项目档案自检报告	是建设项目档案验收申请表的附件，由建设单位组织编制
13	工程档案	各承包商编制，完成后移交建设单位。 建设单位应检查各承包商移交的工程档案，保证其质量符合本章"立卷、归档"等方面的工作要求

（九）资料管理工作的过程监督检查

建设单位应定期或不定期组织检查其他参建单位项目资料管理工作，其他参建单位应予配合。

项目总承包商应定期或不定期组织检查各分包商项目资料管理工作，各分包商应予配合。

施工总承包商应定期或不定期组织检查各分包单位项目资料管理工作，各分包单位应予配合。

各参建单位项目经理部技术负责人应定期组织检查、指导其他成员的项目资料管理工作，必要时应组织培训或重新交底。

资料管理工作检查要点见表12-15。

表12-15　资料管理工作检查要点

序号	检查要点	检查标准
1	人员配置情况	设立资料管理岗，配置管理人员，有专职要求的，应配专职人员
2	资源配置情况	计算机、复印机、档案柜、网络设备等设施应齐全
3	资料管理方案	内容完整，有交底或培训记录，独立成册的，审批手续应齐全

序号	检查要点	检查标准
4	其他准备情况	（1）有资料管理总目录。 （2）各项台账、登记表齐全
5	资料质量	（1）种类、数量与工程进展相符。 （2）资料内容真实、准确，符合专业要求。 （3）审签手续完整，符合程序规定。 （4）需要流转的，能够及时发放。 （5）接收自外单位的，能够准确登记。 （6）编码科学，便于追溯。 （7）分类、分卷合理，方便查找。 （8）能够满足立卷和归档的需要。 （9）符合本章的其他管理要求

对项目资料的监督检查情况应形成专题报告或写入项目月报，需要整改的，检查方应予跟踪检查。

（十）竣工资料验收

1. 验收的基本要求

（1）建设项目竣工验收工作均应当进行项目档案的验收，未经档案验收和档案验收不合格的项目，不得进行或通过项目的竣工验收。

（2）凡是按批准的设计所规定的内容新建、扩建、改建的基本建设项目和技术改造项目均在验收范围之内。

（3）建设项目档案是指从建设项目的提出、立项、审批、勘察设计、施工、生产准备到竣工投产（使用）的全过程中形成的应当归档保存的文件资料，均在验收范围之内。

2. 验收申请程序及条件

项目建设单位（法人）应向项目档案验收组织单位报送档案验收申请报告，并填报《建设项目档案验收申请表》。项目档案验收组织单位应在收到档案验收申请报告的 10 个工作日内作出答复。

1）申请项目档案验收应具备的条件

（1）项目主体工程和辅助设施已按照设计建成，能满足生产或使用的需要。

（2）项目试运行指标考核合格或者达到设计能力。

（3）项目建设全过程文件材料的收集、整理与归档工作。

（4）基本完成项目档案的分类、组卷、编目等整理工作。

2）项目档案验收申请报告的主要内容

（1）项目建设及项目档案管理概况。

（2）保证项目档案的完整、准确、系统所采取的控制措施。

（3）项目文件材料的形成、收集、整理与归档情况，竣工图的编制情况及质量状况。

（4）档案在项目建设、管理、试运行中的作用。

（5）存在的问题及解决措施。

3. 验收方法

档案验收应当与工程验收的初步验收和竣工验收两个阶段同时进行，重点放在初步验收阶段，项目档案专项验收应在项目竣工验收 3 个月之前完成。

检查项目档案，采用质询、现场查验、抽查案卷的方式。抽查档案数量比例不少于 15%。重点为项目前期管理性文件、隐蔽工程文件、竣工文件、质检文件、重要合同、协议等。

项目档案验收应重点检查项目文件材料的质量及整理立卷是否符合完整性、准确性、系统性及规范性的要求，具体检查内容如下：

（1）检查档案资料的完整性。主要检查工程项目建设全过程中形成的应归档的文件、资料是否全部归档；确保前期文件、监理文件、施工管理文件、竣工图、竣工验收文件全部收集归档，各种文件原件齐全。

（2）检查档案资料的准确性。重点检查档案资料的内容是否真实反映项目（工程）竣工时的实际情况和建设过程，图物是否相符，技术数据是否准确可靠，各种签字和盖章手续是否完备。尤其注意重要的前期文件、工程的重要结构部分和隐蔽工程文件以及重要的材料、设备档案，确保准确。

（3）检查档案资料的系统性。主要检查档案资料的编制是否按其形成规律，保持各部分之间的有机联系，分类是否科学，组卷是否合理。

（4）检查竣工图的编制情况。检查归档的竣工图是否图面清晰整洁、折叠规范、装订整齐，是否加盖竣工图章且项目填写齐全、规范。尤其要注意图纸资料目录与实际图纸是否相符。

（5）检查档案案卷的规范性。主要检查卷内目录、案卷封面、卷内备考表是否填写齐全、规范；检查文件材料字迹是否符合耐久性要求；检查重要文件材料是否使用了复印件；检查案卷页号的编写是否符合档案管理的要求等。

4. 验收意见与验收报告的编写

（1）档案验收合格的项目，由项目档案验收组出具项目档案验收意见。验收意见包括以下内容：

①项目建设概况。

②项目档案管理情况，包括：项目档案工作的基础管理工作，项目文件材料的形成、收集、整理与归档情况，竣工图的编制情况与质量，档案的种类、数量，档案的完整性、准确性、系统性及安全性评价，档案验收的结论性意见。

③存在问题、整改要求与建议。

项目档案验收不合格的项目，由项目档案验收组提出整改意见，要求项目建设单位（法人）于项目竣工验收前对存在的问题限期整改，并进行复查。复查后仍不合格的，不应进行竣工验收。

（2）项目规模较大或形成项目档案在1000卷以上的（含1000卷），应当有档案情况的项目竣工档案验收报告，形成档案在1000卷以下的，则应当有竣工验收报告中专章叙述竣工档案的情况，其具体内容应当包括：

①项目档案资料概况。

②项目档案工作管理体制。

③项目文件、资料的形成、积累、整理与归档工作情况。

④竣工图的编制情况及质量。

⑤项目档案资料的接收、整理管理工作情况。

⑥存在问题及解决措施。

⑦档案完整、准确、系统性评价及在施工、试生产中的作用。

⑧附表。附表中包括的条目：单项、单位工程名称、文字材料（卷、页）、竣工图（卷、页）。

在项目《竣工验收鉴定书》中应有关于竣工档案情况的评价。

三、项目结束阶段的资料管理

（一）善后工作的资料管理

竣工验收通过后，建设单位应及时完成项目结束阶段的相关善后工作，形成资料见表12-16，保存备查。

表12-16　项目结束阶段善后工作资料

序号	资料名称	管理要求
1	土地使用权证或土地登记手续	
2	职业病危害项目申报	

续表

序号	资料名称	管理要求
3	其他备案手续	
4	待转资产清册	建设单位牵头办理，资产管理部门组织资产验收，在预定时限内完成，特殊情况下，可办理预转资手续
5	项目后评价报告	建设单位负责自评价，主管部门出具后评价报告
6	中国石油天然气集团公司优质工程项目申报表	
7	承包商安全绩效的总体评估结果	业主项目部编制，提交管理部门
8	设计回访问题反馈	
9	施工保修和回访记录	

（二）资料管理的收尾

档案交接文据及企业档案目录由项目经理部负责保存。

不需存档但有短期保存价值的资料，由项目经理部交建设单位上级主管部门集中保存。

项目经理部应总结项目资料管理工作的经验，统计项目资料管理过程中出现的问题，分析原因，制定预防措施，为其他项目提供经验数据。

四、项目资料的立卷和归档

项目文件归档一般一式一份（其中项目竣工文件一般一式二份），声像文件一般一式二份，电子文件一般一式三份。有合同要求的除外。

（一）建设项目资料归档范围

工程文件的具体归档范围应符合建设工程文件归档规范和股份公司相关文件的要求。

声像资料的归档范围和质量要求应符合现行行业标准 CJJ/T 158—2011《城建档案业务管理规范》的要求。

（二）建设项目文件归档要求

1. 文件编制与归档质量要求

（1）归档的建设项目文件应由归档部门经过系统整理并组成保管单位后向档案部门移交，装订成卷的应该使用规定卷皮装订。

（2）案卷装订的具体要求。

案卷装订前应当去除金属物，表格文件一律表头向上或向左。凡装订的文件要按照案卷外封面、案卷内封面、卷内目录、文字材料页（图纸页）、卷内备考表的顺序排列。案卷装订时图纸卷左右两边不平时，可在左边加硬纸条垫平，将案卷内封面至卷内备考表之间的文字材料采用三孔一线的方法装订起来。装订好的案卷要求做到牢固、整齐、美观，卷内文件无错页、倒页、压字，不妨碍阅读，便于保管和利用。

3）归档的建设项目文件材料必须符合下列要求：

（1）归档的纸质工程文件应为原件。

（2）工程文件的内容及其深度应符合国家现行有关工程勘察、设计、施工、监理等标准的规定。

（3）工程文件的内容必须真实、准确，应与工程实际相符合。

（4）工程文件应采用碳素墨水、蓝黑墨水等耐久性强的书写材料，不得使用红色墨水、纯蓝墨水、圆珠笔、复写纸、铅笔等易褪色的书写材料。计算机输出文字和图件应使用激光打印机，不应使用色带式打印机、水性墨打印机和热敏打印机。

（5）工程文件应字迹清楚、图样清晰、图表整洁，签字盖章手续应完备。

（6）文件签署内容必须完整（如意见、日期、结论、人名、公章、等级章等）。

（7）竣工资料案卷封皮右上角加盖"正本""副本"图章。

（8）工程文件中文字材料幅面尺寸规格宜为 A4 幅面。图纸宜采用国家标准图幅。

（9）工程文件的纸张应采用能长期保存的韧力大、耐久性强的纸张。

（10）归档的建设工程电子文件应采用开放式文件格式或通用格式进行存储。专用软件产生的非通用格式的电子文件应转换成通用格式。

（11）归档的建设工程电子文件应包含元数据，保证文件的完整性和有效性。元数据应符合现行行业标准 CJJ/T《建设电子档案元数据标准》的规定。

（12）归档的建设工程电子文件应采用电子签名等手段，所载内容应真实、可靠。

（13）电子文件归档应包括在线式归档和离线式归档两种方式。可根据实际情况选择其中一种或两种方式进行归档。

（14）归档的建设工程电子文件的内容必须与其纸质档案一致。

（15）离线归档的建设工程电子档案载体，应采用一次性写入光盘，光盘不应有磨损、划伤。

（16）存储移交电子档案的载体应经过检测，应无病毒、无数据读写故障，并应确保接收方能通过适当设备读出数据。

（17）录音、录像、电子文件应保证载体的有效性，竣工文件（竣工图）扫描分辨率应不低于200dpi，扫描的图像宜采用PDF或JPEG文件格式，扫描后的图像文件保存在相应案卷或文件的档号命名的文件夹中。

2. 归档时间要求

根据建设程序和工程特点，归档可分阶段分期进行，也可在单位或分部工程通过竣工验收后进行。

勘察、设计单位应在任务完成后，施工、监理单位应在工程竣工验收前，将各自形成的有关工程档案向建设单位归档。

勘察、设计、施工单位在收齐工程文件并整理立卷后，建设单位、监理单位应根据档案管理机构的要求，对归档文件完整、准确、系统情况和案卷质量进行审查。审查合格后方可向建设单位移交。

工程档案的编制不得少于两套，一套应由建设单位保管，一套（原件）应移交当地城建档案管理机构保存。

勘察、设计、施工、监理等单位向建设单位移交档案时，应编制移交清单，双方签字、盖章后方可交接。

除受委托进行项目档案汇总整理外，各施工承包单位应在项目完成后3个月内将建设项目文件向建设单位归档，有尾工的应在尾工完成后及时归档。

3. 归档验收和移交

（1）项目档案验收前，项目建设单位应组织项目设计、施工、监理等方面负责人及有关人员，根据档案工作的相关要求，依照《股份公司建设项目文件归档范围和保管期限表》和《建设项目档案验收内容及要求》进行全面自检，并形成项目档案自检报告。

（2）项目档案自检报告应当包括以下主要内容：

①项目建设及项目档案管理概况。

②保证项目档案的完整、准确、系统所采取的控制措施。

③项目文件材料的形成、收集、整理与归档情况，竣工图的编制情况及质量状况。

④档案在项目建设、管理、试运行中的作用。

⑤存在的问题及解决措施。

（3）项目建设单位应以正式文件形式向项目档案验收组织单位报送建设

项目档案验收申请报告，并附项目档案自检报告，填报《建设项目档案验收申请表》。

（4）项目档案验收应在项目竣工验收3个月之前完成。

（5）列入城建档案管理机构档案接收范围的工程，竣工验收前，城建档案管理机构应对工程档案进行预验收。

（6）列入城建档案管理机构接收范围的工程，建设单位在工程竣工验收后3个月内，必须向城建档案管理机构移交一套符合规定的工程档案。

（7）停建、缓建建设工程的档案，可暂由建设单位保管。

（8）对改建、扩建和维修工程，建设单位应组织设计、施工单位对改变部位据实编制新的工程档案，并应在工程竣工验收后3个月内向城建档案管理机构移交。

（9）当建设单位向城建档案管理机构移交工程档案时，应提交移交案卷目录，办理移交手续，双方签字、盖章后方可交接。

归档单位应编制档案交接文据及企业档案目录一式两份（有特殊要求可以增加份数），交接双方分别在档案交接文据上签字、盖章，档案交接文据各留一份以备查考。档案交接文据及企业档案目录通过档案管理系统或离线客户端打印，不需要手工填写。

（三）建设项目文件整理

建设项目档案以项目为单位组卷进行整理，采取装订或不装订的形式组卷。建设项目所形成的全部项目文件在归档前应根据国家有关规定，并按档案管理的要求，由文件形成单位进行整理。

项目档案应当按照《科学技术档案案卷构成的一般要求》及《国家重大建设项目文件归档要求与档案整理规范》进行整理。归档图纸应当按《技术制图复制图的折叠方法》要求统一折叠。

1. 建设项目文件的组卷流程

（1）对属于归档范围的工程文件进行分类，确定归入案卷的文件材料。

（2）对卷内文件材料进行排列、编目、装订（或装盒）。

（3）排列所有案卷，形成案卷目录。

2. 建设项目文件的组卷原则

（1）立卷应遵循工程文件的自然形成规律和工程专业的特点，保持卷内文件的有机联系，按照项目前期、项目设计、项目施工、项目监理、项目竣工验收及项目后评估等阶段分别组卷，便于档案的保管和利用。

（2）管理性文件按问题、时间或项目依据性、基础性、竣工验收文件组卷。

（3）工程文件按不同的形成、整理单位及建设程序，即按工程准备阶段文件、监理文件、施工文件、竣工图、竣工验收文件分别进行立卷，并可根据数量多少组成一卷或多卷。

（4）项目施工文件按单项工程、单位工程或装置、阶段、结构、专业组卷。

（5）监理文件按单位工程组卷。

（6）竣工验收文件按单项工程、专业等组卷；项目竣工图按建筑、结构、水电、暖通、电梯、消防、环保等专业顺序组卷。

（7）设备文件按专业、台件等组卷。

（8）一项建设工程由多个单位工程组成时，工程文件应按单位工程立卷。

（9）不同载体的文件应分别立卷。

（10）案卷不宜过厚，一般不超过 30mm。

3. 建设项目文件的组卷方法

（1）工程准备阶段文件应按建设程序、形成单位等进行立卷。

（2）监理文件应按单位工程、分部工程或专业、阶段等进行立卷。

（3）施工文件应按单位工程、分部（分项）工程进行立卷。

（4）竣工图应按单位工程分专业进行立卷。

（5）竣工验收文件应按单位工程分专业进行立卷。

（6）电子文件立卷时，每个工程（项目）应建立多级文件夹，同时与纸质文件在案卷设置上一致，并应建立相应的标识关系。

（7）声像资料应按建设工程各阶段立卷，重大事件及重要活动的声像资料应按专题立卷，声像档案与纸质档案应建立相应的标识关系。

（8）案卷不宜过厚，文字材料卷厚度不宜超过 20mm，图纸卷厚度不宜超过 50mm。

（9）案卷内不应有重份文件。印刷成册的工程文件宜保持原状。

（10）建设工程电子文件的组织和排序可按纸质文件进行。

4. 卷内文件材料排列

（1）卷内文件应按 GB/T 50328—2014《建设工程文件归档规范》附录给出的类别和顺序排列。

（2）管理性文件按问题、时间或重要程度排列。

（3）施工文件按管理、依据、建筑、安装、检测实验记录、评定、验收排列。

（4）设备文件依据开箱验收、随机图样、安装调试和运行维修等顺序排列。

（5）竣工图按专业排列，同专业图纸按图号顺序排列。

（6）卷内文件一般文字在前、图样在后，译文在前、原文在后，正件在前、附件在后，印件在前、定（草）稿在后。

（7）材料应按事项、专业顺序排列。同一事项的请示与批复、同一文件的印本与定稿、主体与附件不应分开，并应按批复在前、请示在后，印本在前、定稿在后，主体在前、附件在后的顺序排列。

5. 卷内页号编写

（1）卷内文件有书写内容的页面均应编写页号，每卷单独编号，页号从1开始。

（2）页号编写位置：单面书写的文件材料，在右下角编写页号；双面书写的文件材料，正面在右下角、背面在左下角编写页号；图纸一律在标题栏正面右下角编写页号。

（3）印刷成册的科技文件材料并自成一卷的，原目录可代替卷内目录，不必重新编写页码。

（4）案卷封面、内封面、卷内目录、卷内备考表不编写页号。

6. 卷内目录的编制

（1）序号：以一份文件为单位，应用阿拉伯数字从1起依次标注卷内文件的顺序，一份文件一个号。

（2）文件编号：应填写工程文件原有的文号或图号。

（3）责任者：填写文件的直接形成单位或个人。有多个责任者时，选择两个主要责任者，其余用"等"代替。

（4）文件材料题名：应填写文件标题全称。

（5）日期：应填写文件形成日期。

（6）页次：填写每份文件材料首页上标注的页号，最后一份文件填写起止页号。

卷内目录见表12-17。

表 12-17　卷内目录

档号：第　　页

序号	文件编号	责任者	文件材料题名	日期	页次	备注
1		××公司	开工报告	2014-04-20	1	
2		××公司	施工组织设计	2014-04-15	12-80	

7. 卷内备考表的编制

（1）卷内备考表要填写卷内文件的件数、页数，并由立卷人、审核人签名并注明日期。

（2）说明项填写整理、保管过程中出现的页号编错、文件缺损、字迹褪色、纸张变质、修改、应归档文件材料另行保管单位的档号等问题，说明的内容经办人要签名并注明日期。

（3）卷内备考表排列在卷内文件的尾页之后。

卷内备考表见图 12-2。

本卷共有文件材料　　2　件，共　80　页。

说　明：本卷共80页，其中第11页为2页，11-1、11-2。

立卷人：（施工单位资料员）年　月　日

检查人：（施工单位技术负责人）年　月　日

图 12-2　卷内备考表

8. 案卷封面的编制

（1）案卷题名拟写：文字材料案卷题名由工程项目名称、单项工程（单位工程）名称、文件材料名称组成。竣工图案卷题名由工程项目名称、单项工程（单位工程）名称加图纸名称组成。

（2）编制单位：应填写案卷内文件的形成单位或主要责任者。工程准备阶段文件和竣工验收文件的编制单位一般为建设单位；施工文件的编制单位一般为施工单位；监理文件的编制单位为监理单位。

（3）起止日期：填写案卷内文件形成的最早和最晚日期。

（4）保管期限：依据归档范围填写档案划定的存留年限。

（5）密级：按照保密规定填写。

案卷封面见图 12-3。

档号

××××放水转油站土建工程质量评定

立卷单位　　　××工程公司
起止日期　×××××××××－×××××××
保管期限　　××
密级　　××

图 12-3　案卷封面

9. 案卷内封面的编制

施工文件、竣工图、监理文件组卷要有案卷内封面，案卷内封面排列在卷内目录之前，并由案卷编制单位、监理单位和建设单位项目管理部门的责任人员审核、签名。签名不得他人代签或以个人印章代替或打印。

（1）施工文件（包括竣工图）、无损检测、监理文件组卷必须有案卷内封面。

（2）竣工图案卷内封面为将"交工技术文件"改为"竣工图"。监理文件案卷内封面将"交工技术文件"改为"监理文件"。

（3）施工文件（包括竣工图）的编制单位是施工单位，监理文件的编制单位是监理单位。

（4）未实行监理的项目应将施工文件（包括竣工图）案卷内封面的"监理单位、审核人、负责人及年月日"栏目去掉。

案卷内封面见图12-4。

×××联合站系统工程
（施工、无损检测或监理）交工技术文件

单项工程名称 ×××联合站系统工程
单位工程名称 ××站外系统

编制单位 ×××　　建设单位 ×××　　监理单位 ×××　　监督单位 ×××
监督单位 ×××
编制人 ×××　　审核人 ×××　　审核人 ×××　　审核人 ×××
审核人 ×××
负责人 ×××　　负责人 ×××　　负责人 ×××　　负责人 ×××
负责人 ×××
年　月　日　　年　月　日　　年　月　日　　年　月　日

图12-4 案卷内封面

第三节　信息管理

项目信息管理是通过各项工作和各种数据的管理，使项目的信息能方便和有效地获取、存储、存档、处理和交流。

一、书面汇报材料

书面汇报材料包括工程总结、情况反映、施工动态、工程简报等。

信息管理人员应记录汇报时间、汇报人、听取汇报的单位、人员及相关指示。将汇报材料进行整理，经审核加盖项目经理部公章。

二、通知、通报

信息管理人员记录通知、通报的发送单位、发送人、日期、要求、主要内容、接收人及传达记录。

三、各种会议纪要、记录（包括电话、会议等）

信息管理人员应记录会议的召开时间、类型、主持人、参加单位和人员，并做好签到记录和会议文件的整理、分发和确认。会议由记录人编制会议纪要，信息管理人员做好发放记录。

四、建设单位的呈文、油气田公司的复函

建设单位上报的呈文应记录上报人及上报时间，油气田公司的复函应记录领取人及领取时间。

五、报表和报告

项目过程中，项目部严格按照上级要求及时完整上报项目信息，记录报

表、报告的上报日期、上报人、接收单位、接收人。

六、各种信函、邮件、传真

信息管理人员收集与项目有关的各种信函、邮件、传真，并记录好信函、邮件、传真的发送人、发送时间、接收人、接收时间。必要时将信函、邮件、传真，经审核后加盖项目部公章妥善保存。

七、录像、录音、磁盘、光盘、图片、照片等记载储存的信息

对于电子类信息，信息管理人员及时记录电子信息发生的时间、地点、相关单位及人员、形成的相关有价值的信息。对电子类信息进行分类，做好各类电子信息的编码，方便查询。

八、沟通、联络资料

沟通联络资料包括上级部门、参建单位等相关部门和单位的工作沟通、联络资料，以及其他渠道形成的信息资料。

信息管理人员应对各类沟通、联络资料，记录发生的时间、相关人员、主要的信息内容。必要时将信息进行整理，经审核后加盖项目部公章妥善保存。

信息管理人员主要负责日常数据收集、整理、审核、录入和备份，并按照相关要求，及时填报项目数据采集系统的各种数据，并对数据的真实性、准确性、完整性、及时性和安全性负责。信息管理人员按文件发放程序进行项目文件的发放与控制，做好记录。

第十三章 完工交接及
试运投产管理

一、完工交接的概念

完工交接是指单项（单位）工程按设计文件内容施工安装完成，经过设备和管道内部处理、电气仪表调试及单机试车合格后，施工单位和建设单位所做的交接工作。

完工交接标志着单项（单位）工程施工安装结束，由单机试车转入联动试车。

二、完工交接的条件

完工交接的主要条件包括：

（1）单项（单位）工程已按设计内容施工安装完成，所有单位工程施工质量已向监理报审并验收合格。

（2）单机试车合格，设备内部、管道系统经过合格内部处理，电气、仪表调试合格。

（3）施工文件资料真实、准确、齐全，交工技术文件和竣工图已按单位工程收集、汇编完成，并已报送监理单位审核。

（4）相关标准规范要求达到的其他条件。

三、完工交接的组织

完工交接由业主项目部组织勘察设计、施工、监理、工程质量监督机构等单位进行，采取查验资料、工程现场检查的方式，发现问题限期整改。合格后填写并签署《工程完工证书》。

工程完工证书的内容和格式见表13-1。

表 13-1　工程完工证书

工程名称			工程编号	
单项（单位）工程				
开工日期			施工日期	

主要工程内容：

检查意见：

工程质量监督部门意见：

施工单位	设计单位	监理单位	业主项目部	质量监督机构
（公章）	（公章）	（公章）	（公章）	（公章）
项目负责人：	设计负责人：	总监：	项目负责人：	负责人：
年　月　日	年　月　日	年　月　日	年　月　日	年　月　日

说明：工程内容要尽量填仔细。各方同意完工交接以后，单项（单位）工程的保管使用责任便由施工单位转移给业主项目部，但不影响施工单位的质量和工程竣工验收责任。此证书是办理工程结算的依据。

（1）单项（单位）工程《工程完工证书》填写、签署生效以后，施工单位应向业主项目部办理单项（单位）工程交工技术文件和竣工图移交手续。交工技术文件按单位工程组卷，竣工图按专业编排组卷。

（2）完工交接以后，单项（单位）工程的保管和使用责任由施工单位转移到业主项目部，不影响施工单位配合试运投产及对工程质量、竣工验收的责任。

（3）《工程完工证书》是工程结算的依据。

四、完工交接的流程

单项（单位）工程完工交接程序见图 13-1。

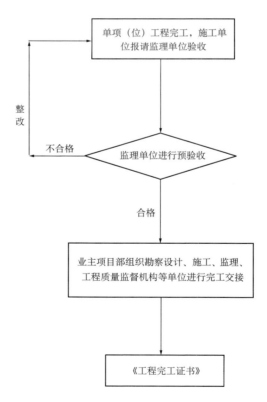

图 13-1　单项（单位）工程完工交接程序

第二节　试运投产

一、试运投产的条件

试运投产的主要条件包括：
（1）完工交接工作已经完成。
（2）试运投产方案编审完成，并按照规定完成有关安全备案工作。
（3）按照规定完成生产组织、人员培训、技术准备等生产准备工作。
（4）有关标准规范要求达到的其他条件。

二、试运投产的目的

检验项目主要经济技术指标和生产能力是否达到了设计要求，为项目投产后安全、持续、稳定地运营做好准备。

三、试运投产的准备

（一）方案准备

试运投产方案包括联动试运方案、投料试运方案以及工程总体试运方案（项目试运行方案）等。

1. 编制

试运投产方案由建设单位组织业主项目部、生产单位、勘查设计、施工、监理等单位编制、审查、审核，其中工程投产试运技术要求由设计单位负责编制，施工措施由施工单位负责编制。

投料试运方案的内容主要包括：编制依据、试运目标、试运程序、试运进度、控制节点及安全应急预案等。

联动试运方案的内容主要包括：编制依据、联动试运目标（工艺指标）、试运程序、试运进度及安全应急预案等。

工程总体试运方案的内容主要包括：编制依据、项目概况、投产组织机构、试运准备情况、详细的投产程序及安全应急预案等。

2. 审批

联动试运方案和投料试运方案原则上由生产单位组织审查、审核、批准，并报建设单位主管部门备案。

建设单位负责组织权限范围内项目的试运行投产方案的编制与审批，并负责项目试运行投产的组织和指挥。

勘探与生产公司负责组织（或委托）审查和审批权限范围内或指定项目的试运行投产方案，负责协调落实试运行投产所需资源。

3. 备案

投产试运方案在工程正式投产前，如有要求，应报负责建设项目安全许可的安全生产监督管理部门备案。

（二）试运条件准备

1. 生产组织准备

建设项目在初步设计批复后，建设单位要实时组建投产准备组织机构，编制《投产准备工作纲要》，根据工程建设进展情况，按照精简、统一、高效原则，负责投产准备工作。同时应根据总体试运行方案的要求，及时成立以建设单位领导为主，总承包（设计、采购、施工）、监理等单位参加的投产领导准备机构，统一组织和指挥有关单位做好联动试运、投料试运准备工作。

2. 人员准备

人员准备包括完成岗位定员和人员培训工作。

1）岗位定员

（1）建设单位应在初步设计批复确定的项目定员基础上编制具体定员方案、人员配置总体计划和年度计划，适时按需配备人员。

（2）主要管理人员、专业技术人员应在工程项目开工建设后及时到位。

（3）操作、分析、维修等技能人员以及其他人员应在投料试运半年至1年前到位。

2）人员培训

建设单位应根据油气田场站的特点和投产试运的要求，紧密结合项目实际，制定培训管理办法。培训管理办法应包括以下主要内容：

（1）人员培训目标（管理人员、专业技术人员、技能操作人员）。

（2）培训主要内容。

（3）培训计划时间表。

（4）考核计划。

3. 技术准备

技术准备包括生产技术文件准备、综合性技术文件准备、管理文件准备、试运方案准备，其目的是使生产人员掌握各装置的生产和维护技术，准备的资料可根据场站规模和投产范围进行调整。建设单位应根据设计文件、《投产准备工作纲要》《总体试运行方案》和现场工作进展情况，于投料试运前经相关部门审定编制出各系统试运方案。

1）生产技术文件

生产技术文件包括：工艺及仪控流程图、操作规程、工艺卡片、工艺技术说明、安全技术及职业健康规程、分析规程、检维修规程（检维修作业指导书）、设备运行规程、电气运行规程、仪表及计算机运行规程、应急预案、生产运行记录表等。同时应设计、编制、印刷好岗位记录和技术资料台账。

2）综合性技术资料

综合性技术资料包括：企业和装置介绍、全厂原材料/三剂（催化剂、助剂、溶剂）手册、产品质量手册、润滑油（脂）手册、设备手册及备品备件表、专用工具表等。

3）管理文件

管理文件包括：各职能管理部门制订以岗位责任制为中心的计划、财会、技术、质量、调度、自动化、计量、科技开发、机动车辆、安全、消防、环保、档案、物资供应、产品销售等管理制度。

4）培训资料

培训资料包括：工艺、设备、仪表控制等方面基础知识教材，专业知识教材，实习教材，主要设备结构图，工艺流程简图，安全、环保、职业健康及消防、气防知识教材，国内外同类装置事故案例及处理方法汇编，计算机仿真培训机资料及软件等。

5）引进装置技术准备

引进装置技术准备除需翻译、编制上述生产技术文件、综合性技术资料、管理文件、培训资料外，还应编制物资材料的国内外规格对照表。

4. 物资准备

由建设单位按照物资准备检查表进行物资准备，要求如下：

（1）建设单位按试运方案的要求，组织编制试运所需的原料、三剂、化学药品、润滑油（脂）、标准样品、备品备件等的种类数量（包括一次装填量、试运投用量、储备量）的计划。

（2）需从国外订货的部分，应在投料试运前提出品种、规格、数量清单，按股份公司有关规定开展对外采购工作。

（3）需在国内订货的部分，应在投料试运前提出计划，按审批权限上报，经批准后组织订货；需国内研制或配套生产的部分，应尽早落实科研或生产单位。

（4）化工原材料（三剂、化学药品、润滑油（脂）、标准样品等）应严格进行质量检验，妥善储存、保管，防止损坏、丢失、变质，并做好分类、建帐、建卡、上架工作，做到帐、物、卡相符，严格执行保管和发放制度。

（5）应积极组织开展进口备品配件的测绘和试制工作，并做好试用和鉴定工作。

（6）各种随机专用工具和测量仪器在开箱检验时，应认真清点、登记、造册。

（7）安全、职业健康、消防、气防、救护、通信等器材，应按设计和试运的需要配备到岗位。

（8）劳动保护用品应按有关标准和规定配发。

（9）其他物资，包括产品的包装材料、容器、运输设备等，应在联动试运前到位。

物资准备检查样表详见附表 13-2。

表 13-2　物资准备检查表

序号	类别	检查内容	数量及单位	检查结果		检查人员	备注
				已配备	预计配备时间		
1	化工原材料						
2	备品配件						
3	工器具						
4	消防气防通信器材						
5	安全防护器材						
6	劳动保护用品						
7	其他物资						

5. 资金准备

建设单位应根据初步设计概算中各项投产准备费用标准，编制年度投产准备资金计划，并纳入建设项目的投资计划之中，确保投产准备资金来源。

6. 外部条件准备

1）试运行许可条件

建设单位应落实劳动安全、消防等各项措施，主动向地方政府呈报、办理包括压力容器、安全阀等必要的报用审批手续。

2）厂外公共设施

建设单位应根据厂外公路、铁路、码头、中转站、防排洪、工业污水、废渣等工程项目进度与有关管理部门衔接。

3）水电气通信

建设单位应根据与外部签订的供水、供电、供气、通信等协议，并按照总体试运方案要求，落实水、电、气、通信的开通时间、使用数量、技术参数等。

4）应急演练

HSE应急预案编制完成并经过演练，企地联动预案已演练。

5）三修维护条件

建设单位需依托社会的三修（即机修、电修、仪修）维护力量及社会公共服务设施，应及时与依托单位签订协议或合同。

四、试生产的实施

（一）联动试运

1. 联动试运的条件

联动试运必须具备下列条件，并经全面检查确认合格后方可开始。

（1）联动试运方案审批完成。

（2）单项（单位）工程自检合格，单机试运合格。

（3）"三查四定检查表"问题已整改完毕，遗留尾项已处理完。

（4）工艺流程已按设计图纸要求检查完毕，流程畅通。

（5）其余配套项目已按联动试运方案的要求准备到位。

三查四定检查表见表13-3。

表 13–3　三查四定检查表

序号	检查时间	问题内容	所属单元	责任单位	整改措施	整改情况		完成时间	检查人	问题类别（A、B、C）
						已完成	预计完成			
一	设计漏项									
1										
……										
二	未完工程									
1										
……										
三	工程质量隐患									
1										
……										

注：1. 投产试运前须整改完成。
　　2. 投料试运间隙整改完成。
　　3. 择机整改完成。

2. 联动试运相关规定

（1）必须按照试运方案及操作规程指挥和操作。

（2）试运人员必须按建制上岗，服从统一指挥。

（3）不受工艺条件影响的仪表、保护性联锁、报警皆应参与试运，并应逐步投用自动控制系统。

（4）联动试运前应划定试运区，无关人员不得进入。

（5）联动试运应按试运方案的规定认真做好相关记录。

（6）联动试运前，必须有针对性地组织参加试运人员认真学习方案。

（7）试运合格后，参加试运的有关部门应在《联动试运合格证书》上签字确认。

3. 联动试运实施

联动试运包括系统吹扫和清洗、气密性试验、干燥、置换、三剂装填及烘炉。最终于建设单位组织，设计、施工、监理单位共同参与，形成《联动试车合格证》。

1）系统吹扫和清洗

在油、气、水管网与设备连接前应做好管道的吹扫和清洗工作。根据设备与管道的工艺使用条件和材料、结构等不同，常用的工艺管网吹扫和清洗方案主要有水冲洗、空气吹扫、蒸汽吹扫、化学清洗（酸洗钝化）、油清洗等。

2）气密性试验

油、气管道由于输送介质为高危、可燃性介质，在投产前必须完成气密性试验。

3）干燥

在试运前需要对如下系统进行干燥处理：

（1）对某些输送经过的介质与水产生腐蚀影响的装置及管道进行干燥除水。

（2）在低温操作时残留在设备、阀门及管道系统间的水发生冻结后或与其他工艺介质生产物，堵塞设备和管道，危及试运和生产安全，需要对此类低温系统进行除水。

4）置换

（1）对于可燃气体通过的管道或设备必须进行氮气置换。

（2）对所有的封闭系统进行氮气置换，置换气排入火炬，当各取样点化验分析气氧气体积分数不大于2%时置换合格。

5）三剂装填

三剂装填批催化剂、溶剂、添加剂的充填。通常在系统气密性试验、系统干燥结束后进行。

6）烘炉

烘炉前应按照设计文件提供的烘炉曲线编制操作规程和烘炉措施，其内容应包括烘炉时间、最高温度、升温速度、恒温时间和降温速度等。烘炉过程中应随时仔细检查炉衬的变化和膨胀情况。烘炉结束后，应对隔热耐火层外观质量进行检查。

（二）投料试运

联动试运完成并经消除缺陷后，由建设单位负责向上级主管部门申请装置投料试运，并编制投料试运方案。具体由建设单位组织相关检查。

1. 投料试运的条件

投料试运前必须具备下列条件：

（1）联动试运已完成。

（2）投料试运方案审批完成。

（3）按照投料试运必要条件检查表逐项检查并整改完毕。

（4）坚持高标准、严要求、精心组织，做到条件不具备不开车，程序不清楚不开车，指挥不在场不开车，出现问题不解决不开车。

（5）投料试运若在严寒季节，应制订冬季投料试运方案，落实防冻措施。

2. 投料试运队伍

1）基本原则

投料试运队伍是以建设单位为主，同时由设计单位、施工单位、监理单位、检测单位共同组成的试运队伍。

2）组织保运体系

本着"谁安装谁保运"的原则，施工单位应实行安装、试运、保运一贯负责制。

3）组织领导机构

投料试运技术要求高，各种参数波动大，异常情况多。为充分吸取相同或类似装置的经验，确保投料试运一次成功，在试运期间可根据不同情况，聘请股份公司内部的技术专家担任技术顾问或试运指导队协助开车。

（三）72小时试生产考核

自油气田地面建设项目按照批准的试运投产方案试运行之日起，一类、二类、三类和四类项目应分别在3个月内和1个月内进行连续72小时试生产考核。

1. 考核指标的确定

考核指标主要包括以下几个方面：

（1）各项生产能力能否达到设计规模。

（2）产品质量能否达到设计指标。

（3）物耗指标、能耗指标能否达到设计预定指标。

（4）安全、环境保护、三废治理是否符合要求。

2. 考核组织

考核组织工作具体如下：

（1）试投产工作基本就绪，各种设备的运行状况达到稳定，生产操作人员已经适应生产环境。

（2）成立生产考核领导小组。一般应以建设单位为主，必要时可吸收设计单位、有关业务部门和施工单位参加。

（3）先进行单台设备考核，然后进行单元考核，最后进行总体考核。

（4）当一个系统做完生产考核后，要及时通知有关岗位人员，并将流程或设备及时恢复正常生产状态。

3. 试生产考核总结

1）生产单位要做好试运各阶段（投产准备、单机试运，系统清洗、吹扫、气密，系统置换、干燥，联动试运，投料试运等）各种原始数据的记录和收集。

2）生产单位在投料试运结束后，在对原始记录进行整理、归纳、分析的基础上，写出试运总结（包括总体试运总结和装置试运总结）。试运总结应重点包括以下内容：

（1）各项投产准备工作。

（2）试运实际步骤与进度。

（3）试运实际网路与原计划网路的对比图。

（4）开停车事故统计分析。

（5）试运过程中遇到的难点与对策。

（6）试运成本分析。

（7）试运的经验与教训。

第十四章　竣工验收管理

第一节　竣工验收的分类管理

油气田地面工程建设项目竣工验收实行分类管理。

一类项目的油气田地面建设项目：由所属油气田公司组织初步验收，并向勘探与生产公司申请竣工验收。

二类、三类、四类项目的油气田地面工程建设项目：由所属油气田公司组织竣工验收。

核准、备案项目的油气田地面建设项目：由股份公司规划计划部负责按照国家有关规定向原国家核准、备案部门申请项目竣工验收核查或报送竣工验收结果。

第二节　竣工验收的依据

油气田地面工程建设项目竣工验收的主要依据：

（1）国家有关法律法规。

（2）适用的工程建设标准和规范。

（3）股份公司有关规定。

（4）国家或地方政府项目核准、备案文件，项目（预）可行性研究报告、初步设计、施工图设计、专项评价和项目变更等批复文件。

（5）消防、竣工环境保护、职业病防护设施、水土保持设施和土地利用等专项验收行政许可，档案验收、竣工决算审计和安全设施验收等批复文件。

（6）项目招标、技术经济合同、设计变更、经济签证等其他相关文件。

第三节　竣工验收的条件和尾项处理

一、竣工验收的条件

项目竣工验收必须具备以下条件：

（1）生产性装置和辅助性公用设施按批准的设计文件配套建成，能满足生产和生活需要。

（2）生产准备工作、生产操作人员培训、检维修设施和规章制度能满足生产需要。

（3）项目生产出合格产品，生产能力和主要经济技术指标达到设计要求，且连续 72 小时生产考核合格。

（4）消防、竣工环境保护、安全设施、职业病防护设施、水土保持设施、土地利用、档案和竣工决算审计等专项验收工作已完成并取得批复文件。

（5）项目工程质量符合国家有关法律、法规和工程建设强制性标准，符合设计文件的合同要求，工程质量合格。

项目已经建成，因资源、市场等发生重大变化，导致项目不能达到竣工验收条件，应按职能权限报原审批部门或单位取得相应的变更审批手续后，按规定程序组织竣工验收。

二、尾项处理

油气田地面工程建设项目基本达到竣工验收标准，只是零星建设项目未按规定的内容全部建成，但不影响正常生产，先行办理竣工验收和移交固定资产手续，未完工程办理《工程尾项协议书》限期完成（这种情况的竣工决算应包括预留的尾项投资）。

尾项工程限期完成后，应填写并签署《尾项工程验收单》，正式办理尾项工程验收手续；验收结束后，尾项工程资料需要单独进行组卷存档。

第四节　竣工验收工作内容

一、基本要求

（1）自项目按照批准的投产方案试运行之日起，一类、二类项目和三类、四类项目的油气田地面工程建设项目应分别在 3 个月内和 1 个月内进行连续 72 小时生产考核。

（2）一类项目的油气田地面建设项目，分为初步验收和竣工验收两个阶段，在完成初步验收后，3 个月内完成竣工验收。其他油气田地面工程建设项目竣工验收由各油气田公司组织进行。

对分期建设项目，应根据可行性研究报告批复的分期建设内容，分期组织竣工验收。

（3）一类、二类项目应在试运行之日起，27 个月内完成竣工验收。如不能按期验收，建设单位应分析原因，处理存在失职、渎职行为的相关单位和责任人，制定纠正措施，在到期前提出延期申请，报送勘探与生产公司审批，但延长期不得超过 6 个月。

三类、四类项目应在试运行之日起，13 个月内完成竣工验收。如不能按期验收，建设单位应分析原因，处理存在失职、渎职行为的相关单位和责任人，制定纠正措施，在到期前提出延期申请，报送勘探与生产公司审批，但延长期不得超过 3 个月。

（4）项目竣工验收文件的提供和信息披露应按照国家保密法律法规和股份公司有关保密管理规定执行。

二、专项验收

建设单位应结合项目实际，按照有关规定，在规定时限内获取所需专项验收合格批准文件。分期建设的项目，建设单位应按项目批复文件和规定程序分期获得所需专项验收合格批准文件。

专项验收主要包括但不限于：消防验收、竣工环境保护验收、安全验评价、职业病防护设施验收、水土保持设施验收、土地利用验收、档案验收和竣工决算审计。

（一）消防验收

消防验收包括消防验收和竣工验收消防备案。

1. 消防验收依据

《建设工程消防监督管理规定》（公安部令第 106 号）。

2. 消防验收范围

需要并通过消防设计审核的项目要求申请消防验收，按照《建设工程消防监督管理规定》第十四条（六）规定，这些油气田地面建设项目包括：

油气田范围内生产、储存、装卸易燃易爆危险物品的联合站、集中处理站（厂）、集输油（气）站、轻烃站（厂）、计量站，以及长输油（气）管道的首、末站、中间站等新、改、扩建项目。

其他油气田地面建设项目是需要消防设计备案的项目，需要进行竣工验收消防备案。

3. 消防验收资料

1）消防验收资料

项目竣工后，建设单位向出具消防设计审核意见的公安机关消防机构提交《建设工程消防验收申报表》，并提供以下资料：

（1）《建设工程消防验收申报表》。

（2）工程竣工验收报告和有关消防设施的工程竣工图纸。

（3）消防产品质量合格证明文件。

（4）具有防火性能要求的建筑构件、建筑材料、装修材料符合国家标准或者行业标准的证明文件、出厂合格证。

（5）消防设施检测合格证明文件。

（6）施工、工程监理、检测单位的合法身份证明和资质等级证明文件。

（7）建设单位的工商营业执照等合法身份证明文件。

（8）法律、行政法规规定的其他材料。

2）消防备案资料

不需要消防设计审核的油气田地面工程建设项目，在工程竣工验收合格之日起七日内，应当向公安机关消防机构提供消防备案申请，并提供以下资料：

（1）《建设工程消防验收申报表》。

（2）工程竣工验收报告和有关消防设施的工程竣工图纸。

（3）消防产品质量合格证明文件。

（4）具有防火性能要求的建筑构件、建筑材料、装修材料符合国家标准或者行业标准的证明文件、出厂合格证。

（5）消防设施检测合格证明文件。

（6）施工、工程监理、检测单位的合法身份证明和资质等级证明文件。

（7）建设单位的工商营业执照等合法身份证明文件。

（8）法律、行政法规规定的其他材料。

按照住房和城乡建设行政主管部门的有关规定进行施工图审查，还应当提供施工图审查机构出具的审查合格文件复印件。

4. 消防验收程序

1）消防验收一般程序

建设单位填写《建设工程消防验收申请表》，向出具消防设计审核意见的公安机关消防机构申请消防验收。消防验收一般程序如图 14-1 所示。

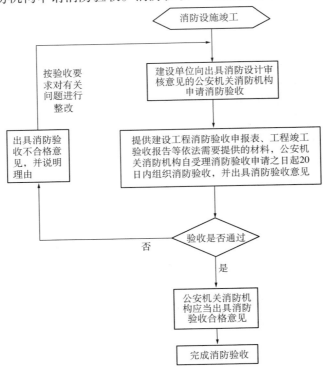

图 14-1　消防验收一般程序

公安机关消防机构应当自受理消防验收申请之日起 20 日内组织消防验收，并出具消防验收意见。

公安机关消防机构对申报消防验收的建设工程，应当依照建设工程消防验收评定标准对已经消防设计审核合格的内容组织消防验收。

对综合评定结论为合格的建设工程，公安机关消防机构应当出具消防验收合格意见；对综合评定结论为不合格的，应当出具消防验收不合格意见，并说明理由。

2）竣工验收消防备案程序

公安机关消防机构收到消防竣工验收消防备案申报后，对备案材料齐全的，应当出具备案凭证；备案材料不齐全或者不符合法定形式的，应当当场或者在五日内一次告知需要补正的全部内容。

公安机关消防机构应当在已经备案的消防设计、竣工验收工程中，随机确定检查对象并向社会公告。

对确定为检查对象的，公安机关消防机构应当在 20 日内按照消防法规和国家工程建设消防技术标准完成图纸检查，或者按照建设工程消防验收评定标准完成工程检查，制作检查记录。检查结果应当向社会公告，检查不合格的，还应当书面通知建设单位。建设单位收到通知后，应当停止施工或者停止使用，组织整改后向公安机关消防机构申请复查。公安机关消防机构应当在收到书面申请之日起 20 日内进行复查并出具书面复查意见。

（二）竣工环境保护验收

1. 验收依据

《建设项目环境保护管理条例》（国务院令第 253 号）、《建设项目竣工环境保护验收管理办法》（国家环境保护总局令第 13 号）、《国务院关于第一批清理规范 89 项国务院部门行政审批中介服务事项的决定》（国发〔2015〕58号）、《建设项目"三同时"监督检查和竣工环保验收管办理规程（试行）》（环发〔2009〕150 号）和《建设项目竣工环境保护验收技术规范　石油天然气开采》（HJ 612–2011）及《中国石油天然气集团公司建设项目环境保护管理办法》（中油安〔2011〕7 号）等集团公司、股份公司有关规定。

2. 验收范围

（1）与建设项目有关的各项环境保护设施，包括为防治污染和保护环境所建成或配备的工程、设备、装置和监测手段，各项生态保护设施。

（2）环境影响报告书（表）和有关项目设计文件规定应采取的其他各项环境保护措施。

3. 验收条件

（1）建设前期环境保护审查、审批手续完备，技术资料与环境保护档案资料齐全。

（2）环境保护设施及其他措施等已按批准的环境影响报告书（表）或者环境影响登记表和设计文件的要求建成或者落实，环境保护设施经负荷试车检测合格，其防治污染能力适应主体工程的需要。

（3）环境保护设施安装质量符合国家和有关部门颁发的专业工程验收规范、规程和检验评定标准。

（4）具备环境保护设施正常运转的条件，包括：经培训合格的操作人员、健全的岗位操作规程及相应的规章制度，原料、动力供应落实，符合交付使用的其他要求。

（5）污染物排放符合环境影响报告书（表）或者环境影响登记表和设计文件中提出的标准及核定的污染物排放总量控制指标的要求。

（6）各项生态保护措施按环境影响报告书（表）规定的要求落实，建设项目建设过程中受到破坏并可恢复的环境已按规定采取了恢复措施。

（7）环境监测项目、点位、机构设置及人员配备，符合环境影响报告书（表）和有关规定的要求。

（8）环境影响报告书（表）提出需对环境保护敏感点进行环境影响验证，对清洁生产进行指标考核，对施工期环境保护措施落实情况进行工程环境监理的，已按规定要求完成。

（9）环境影响报告书（表）要求建设单位采取措施削减其他设施污染物排放，或要求建设项目所在地地方政府或者有关部门采取"区域削减"措施满足污染物排放总量控制要求的，其相应措施得到落实。

4. 验收程序

竣工环境保护验收程序如图 14-2 所示。

1）试生产申请

2015 年 10 月 11 日，国务院发布了《关于第一批取消 62 项中央指定地方实施行政审批事项的决定》（国发〔2015〕57 号，以下简称《决定》），其中第 25 项取消了省、市、县级环境保护行政主管部门实施的建设项目试生产审批。2016 年 4 月 8 日环境保护部发布《关于环境保护主管部门不再进行建设项目试生产审批的公告》（公告 2016 年第 29 号），要求自公告发布之日起，省、市、县级环境保护主管部门不再受理建设项目试生产申请，也不再进行建设项目试生产审批。

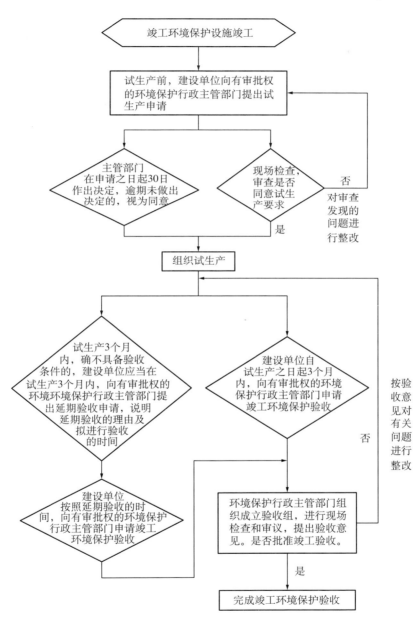

图 14-2 环境保护验收程序流程图

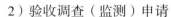

2）验收调查（监测）申请

按照《国务院关于第一批清理规范89项国务院部门行政审批中介服务事项的决定》（国发〔2015〕58号）的要求，自2016年3月1日起，不再要求建设单位提交建设项目竣工环境保护验收调查报告或验收监测报告，改由环境保护部委托相关专业机构进行验收调查或验收监测，所需经费列入财政预算。

建设项目竣工后，建设单位向环境保护部提出验收调查或验收监测申请，同时提交建设项目环境保护"三同时"执行情况报告以及相关信息公开证明。

建设项目环评编制单位不得承担同一建设项目验收调查。

在验收调查或验收监测期间，建设单位应当主动配合验收调查或验收监测单位开展工作，如实提供建设项目环境保护"三同时"执行情况等相关资料。因建设单位不配合，致使验收调查或验收监测工作无法正常开展，或者提供信息资料不实的，环境保护部将中止委托验收调查或验收监测，产生的法律后果由建设单位承担。

验收调查单位或验收监测单位应按照验收调查或验收监测技术规范开展工作，除特别重大敏感复杂项目外，验收调查报告或验收监测报告一般应自接受委托之日起三个月内完成。

农林水利、交通运输、采掘、社会区域等以生态影响为主的建设项目（以下简称生态类项目）申请验收调查。以排放污染物为主的建设项目（以下简称污染类项目）申请验收监测。

3）验收申请

油气田地面建设项目试运行3个月内，建设单位须填写《建设项目竣工环境保护验收申请表》，向项目环境影响评价批复的国家或地方政府环境保护行政主管部门申请竣工环境保护验收。对试生产3个月确不具备竣工环境保护验收条件的项目，建设单位应在试运行之日起3个月内，向有审批权的环境保护行政主管部门申请延期验收，说明延期验收原因及拟进行验收的时间。经批准后建设单位方可继续进行试生产，并在批准的验收时间内提交验收申请。一类、二类、三类和四类项目在试运行之日起12个月内应获取竣工环境保护验收合格文件。

国家相关主管部门负责竣工环境保护验收的项目，竣工环境保护验收报告由建设单位报送股份公司审核后上报；省级及以下相关主管部门负责竣工环境保护验收的项目，竣工环境保护验收报告由建设单位即各油气田公司直接上报。

油气田地面建设单位申请建设项目竣工环境保护验收，应当向有审批权的环境保护行政主管部门提交以下验收材料：

（1）对编制环境影响报告书的建设项目，为建设项目竣工环境保护验收申请报告，并附环境保护验收监测报告或调查报告。

（2）对编制环境影响报告表的建设项目，为建设项目竣工环境保护验收申请表，并附环境保护验收监测（调查）报告或监测表（调查表）。

对主要因排放污染物对环境产生污染和危害的建设项目，建设单位应提交环境保护验收监测报告（表）。

对主要对生态环境产生影响的建设项目，建设单位应提交环境保护验收调查报告（表）。

4）验收组织

环境保护行政主管部门应自收到建设项目竣工环境保护验收申请之日起30日内，完成验收。

环境保护行政主管部门在进行建设项目竣工环境保护验收时，应组织建设项目所在地的环境保护行政主管部门和行业主管部门等成立验收组（或验收委员会）。

验收组（或验收委员会）应对建设项目的环境保护设施及其他环境保护措施进行现场检查和审议，提出验收意见。

建设项目的建设单位、设计单位、施工单位、环境影响报告书（表）编制单位、环境保护验收监测（调查）报告（表）的编制单位应当参与验收。

国家对建设项目竣工环境保护验收实行公告制度。环境保护行政主管部门应当定期向社会公告建设项目竣工环境保护验收结果。

（三）安全设施验收

1. 验收分类管理

有关单位和部门应当在油气田地面建设项目投入生产或者使用前，组织对安全设施进行验收，并形成书面报告备查。安全设施竣工验收合格后方可投入生产和使用。

勘探与生产公司负责组织一类、二类项目安全设施竣工验收。

油气田公司负责组织三类、四类项目安全设施竣工验收，并负责向专业分公司申请一类、二类项目安全设施竣工验收。

2. 适用的标准和规范

（1）国家有关法律法规，例如《中华人民共和国安全生产法》《建设项目安全设施"三同时"监督管理办法》（国家安全生产监督管理总局令第77号）、《中国石油天然气股份有限公司建设项目安全设施竣工验收管理暂行办法》（油安〔2015〕153号）等。

（2）股份公司有关规定，如《中国石油天然气股份有限公司建设项目安全设施竣工验收管理暂行办法》（油安〔2015〕153号）等。

（3）国家或地方政府建设项目核准、备案文件。

（4）建设项目安全设施设计专篇及批复文件，以及变更批复文件。

（5）其他相关文件。

3. 验收条件

（1）建设项目安全设施按批复的安全设施设计专篇建成，施工符合国家有关施工技术标准，施工质量达到建设项目安全设施设计文件要求。

（2）建设项目经过生产考核，生产出合格产品，生产能力达到设计要求。

（3）选择具有相应资质的安全评价机构进行安全验收评价，报告内容及格式符合国家有关安全验收评价的规定和标准，验收评价中发现的问题已进行整改确认。

（4）试运行期间发现的事故隐患已全部整改。

（5）设置了安全生产管理机构或者配备安全生产管理人员，从业人员经过安全教育培训、应急训练并具备相应资格和岗位应急处置、紧急避险能力。

（6）其他相关要求。

4. 验收程序

安全设施验收程序如图14-3所示。

1）安全验收评价

一类和二类项目所在油气田公司、三类和四类建设项目所在单位应在建设项目安全设施竣工或者试运行完成后，委托具有相应资质的安全评价机构对建设项目进行安全验收评价，依据相关法律法规以及SY/T 6710—2008《石油行业建设项目安全验收评价报告编写规则》等技术标准，编制安全验收评价报告。

安全验收评价报告的主要内容包括：

（1）危险、有害因素的辨识与分析。

（2）符合性评价和危险危害程度的评价。

（3）安全对策措施建议。

（4）安全验收评价结论等。

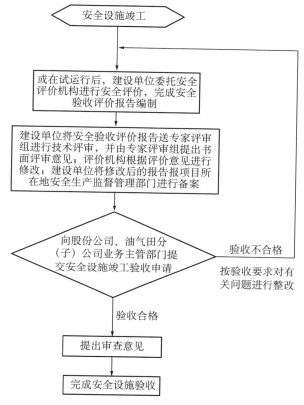

图 14-3 安全设施验收程序

建设单位须按规定将安全验收评价报告送专家评审组进行技术评审，并由专家评审组提出书面评审意见；评价机构根据评审意见，对安全验收评价报告进行修改。

2）安全设施竣工验收申请

在具备安全设施竣工验收条件、试生产（使用）截止日期前分别向勘探与生产公司或油气田公司申请验收，并提交以下文件、资料：

（1）安全设施竣工验收申请。

（2）安全设施设计审查意见书（复印件）。

（3）施工单位的资质证明文件（复印件）。

（4）建设项目安全验收评价报告及其存在问题的整改确认材料。

（5）安全生产管理机构设置或者安全生产管理人员配备情况。

（6）从业人员安全培训教育与应急训练及资格、岗位应急处置、紧急避险能力情况。

（7）法律法规规定的其他文件资料。

3）安全设施竣工验收组织

原则通过验收的建设项目，油气田公司或项目所在单位按照验收意见组织整改，经验收组复核后，由验收组织单位出具建设项目安全设施竣工验收意见书。

不同意通过验收的建设项目，油气田公司或项目所在单位按照验收意见组织整改后，重新履行验收程序。

建设项目安全设施竣工验收程序可分为以下步骤：

（1）召开预备会议。

①成立安全设施竣工验收组。

②确定安全设施竣工验收专家组组长及成员分工。

③确定安全设施竣工验收议程。

（2）召开建设项目安全验收评价报告审查会。

①建设单位汇报项目建设情况，运行单位汇报试生产情况，设计、施工、监理等单位分别汇报安全设施设计、施工、监理情况。

②评价单位汇报建设项目安全验收评价报告。

③专家组对验收评价报告进行审查形成安全验收评价报告审查意见。

（3）现场查验。

①现场查验建设项目安全设施建设、运行情况。

②现场查验安全管理机构及安全管理制度及执行情况。

③现场查验管理人员、操作人员安全培训和持证上岗情况以及安全管理台帐等。

④现场查验管理人员、操作人员应急响应和处置救援以及应急演练情况。

（4）安全设施竣工验收总结会议。

①明确安全设施竣工验收中发现问题及整改时间要求。

②讨论形成安全设施竣工验收意见。以验收意见为原则通过验收或不同意通过验收。

4）政府监督核查

政府安全生产监督部门负责对安全设施竣工验收活动和验收结果进行监督核查：

（1）对安全设施竣工验收报告按照不少于总数10%的比例进行随机抽查。

（2）在实施有关安全许可时，对建设项目安全设施竣工验收报告进行审查。

国家安全生产监督管理总局对全国建设项目安全设施"三同时"实施综合监督管理，并在国务院规定的职责范围内承担建设项目安全设施"三同时"的监督管理。

县级以上地方各级安全生产监督管理部门对本行政区域内的建设项目安全设施"三同时"实施综合监督管理，并在本级人民政府规定的职责范围内承担本级人民政府及其有关主管部门审批、核准或者备案的建设项目安全设施"三同时"的监督管理。

跨两个及两个以上行政区域的建设项目安全设施"三同时"由其共同的上一级人民政府安全生产监督管理部门实施监督管理。

上一级人民政府安全生产监督管理部门根据工作需要，可以将其负责监督管理的建设项目安全设施"三同时"工作委托下一级人民政府安全生产监督管理部门实施监督管理。

（四）职业病防护设施验收

按照《建设项目职业病危害风险分类管理目录》，石油开采、高含硫化氢气田开采属于职业病危害严重的建设项目，其他天然气开采属于职业病危害较重的建设项目。油气田地面建设职业病防护设施均由项目所在地安全生产监督管理部门组织验收。

1. 验收依据

《建设项目职业卫生"三同时"监督管理暂行办法》（国家安全生产监督管理总局令第 51 号）、《中国石油天然气股份有限公司建设项目职业卫生"三同时"管理规定》（油安〔2014〕321 号）等集团公司、股份公司有关规定。

2. 验收程序

职业病防护设施验收一般程序如图 14-4 所示。

1）职业病危害控制效果评价

与油气田地面建设项目配套建设的职业病防护设施必须与主体工程同时投入试运行。试运行期间，建设单位应当对职业病防护设施运行的情况和工作场所的职业病危害因素进行监测和职业病危害控制效果评价。

2）验收申请

一类、二类、三类和四类项目在试运行之日起 12 个月内完成职业病防护设施验收。

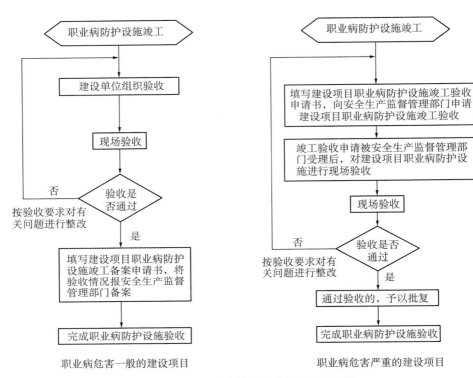

职业病危害一般的建设项目　　　　　职业病危害严重的建设项目

图 14-4　职业病防护设施验收程序流程图

（五）水土保持设施验收

油气田开发建设项目土建工程完成后，须及时开展水土保持设施的验收工作，一类、二类、三类和四类项目在试运行之日起 12 个月内应获取水土保持设施验收合格文件。

1. 验收依据

《中华人民共和国水土保持法》《开发建设项目水土保持设施验收管理办法》（水利部令第 16 号）、《开发建设项目水土保持方案编报审批管理规定》和《水利部关于修改部分水利行政许可规章的决定》（2005 年 7 月 8 日）等。

2. 验收范围

水土保持设施验收的范围应当与批准的水土保持方案及批复文件一致。

3. 验收内容

水土保持设施是否符合设计要求、施工质量、投资使用和管理维护责任落实情况，评价防治水土流失效果，对存在问题提出处理意见等。

4. 验收条件

（1）开发建设项目水土保持方案审批手续完备，水土保持工程设计、施工、监理、财务支出、水土流失监测报告等资料齐全。

（2）水土保持设施按批准的水土保持方案报告书和设计文件的要求建成，符合主体工程和水土保持的要求。

（3）治理程度、拦渣率、植被恢复率、水土流失控制量等指标达到了批准的水土保持方案和批复文件的要求及国家和地方的有关技术标准。

（4）水土保持设施具备正常运行条件，且能持续、安全、有效运转，符合交付使用要求。水土保持设施的管理、维护措施落实。

5. 验收程序

水土保持设施验收一般程序如图 14-5 所示。

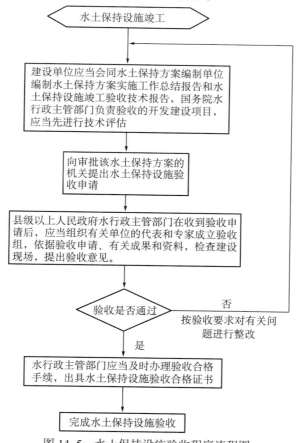

图 14-5　水土保持设施验收程序流程图

1）验收准备

土建工程完成后，建设单位应当及时开展水土保持设施验收的准备工作，其中两项重点工作就是完成水土保持方案实施工作总结报告和水土保持设施竣工验收技术报告，委托完成水土保持设施技术评估报告的编写。

（1）水土保持方案实施工作总结报告和水土保持设施竣工验收技术报告。

建设单位在申请水土保持设施验收前，应会同水土保持方案编制单位，依据批复的水土保持方案报告书、设计文件的内容和工程量，对水土保持设施完成情况进行检查，编制水土保持方案实施工作总结报告和水土保持设施竣工验收技术报告。

（2）水土保持设施技术评估报告。

国务院水行政主管部门负责验收的项目，应当先编制水土保持设施技术评估报告。

省级水行政主管部门负责验收的项目，按照有关规定执行。

地、县级水行政主管部门负责验收的开发建设项目，可以直接进行竣工验收。

技术评估由建设单位委托具有水土保持生态建设咨询评估资质的机构编写。承担技术评估的机构，应当组织水土保持、水工、植物、财务经济等方面的专家，依据批准的水土保持方案、批复文件和水土保持验收规程规范对水土保持设施进行评估。

技术评估成果应包括以下内容：

（1）建设项目水土保持设施技术评估报告及其附件。

（2）建设项目水土保持设施验收前需解决的主要问题及其处理情况说明。

（3）重要单位工程影像资料。

（4）建设项目水土保持设施竣工验收图。

2）验收申请

建设单位应按照国家有关水土保持设施验收规定，在试运行之日起6个月内填写《建设项目水土保持设施验收申请表》，向审批项目水土保持方案的政府相关行政主管部门申请水土保持设施验收：

中央立项，征占地面积在50公顷以上或者挖填土石方总量在50万立方米以上的开发建设项目或者限额以上的技术改造项目，水土保持设施由国务院水行政主管部门审批。

征占地面积不足50公顷且挖填土石方总量不足50万立方米的开发建设项目，水土保持设施由省级水行政主管部门审批。

地方立项的开发建设项目和限额以下技术改造项目，水土保持设施由相应批准水土保持方案的水行政主管部门组织验收。

建设项目水土保持设施验收应提供的资料主要包括：

（1）工程建设大事记。

（2）水土保持设施建设大事记。

（3）拟验收清单、未完工程清单、未完工程的建设安排及完成工期，存在的问题及解决建议。

（4）分部工程验收签证或单位工程验收鉴定书（或自查初验报告）。

（5）水土保持方案及有关批文。

（6）水土保持工程设计和设计工作报告。

（7）各级水行政主管部门历次监督、检查及整改等的书面意见。

（8）水土保持工作施工总结报告。

（9）水土保持设施工程质量评定报告。

（10）水土保持监理总结报告。

（11）水土保持监测工作总结。

（12）水土保持方案实施工作总结报告。

（13）水土保持设施竣工验收技术报告。

（14）水土保持设施验收技术评估报告等。

3）验收组织

政府水行政主管部门在受理验收申请后，应当组织有关单位的代表和专家成立验收组，依据验收申请、有关成果和资料，检查建设现场，提出验收意见。

验收组设组长1名，副组长1~3名。验收组宜由方案审批部门、有关行政主管部门，相关工程质量监督单位、建设单位的上级主管部门、建设项目的规划计划部门、技术评估等单位组成。验收应由验收组长主持。

建设单位、水土保持方案编制单位、设计单位、施工单位、监理单位、监测报告编制单位应当参加现场验收。

验收合格意见必须经三分之二以上验收组成员同意，由验收组成员及被验收单位的代表在验收成果文件上签字。

政府水行政主管部门应当自受理验收申请之日起20日内做出验收结论。

对验收合格的项目，水行政主管部门应当自做出验收结论之日起十日内办理验收合格手续，作为开发建设项目竣工验收的重要依据之一。

对验收不合格的项目，负责验收的水行政主管部门应当责令建设单位限期整改，直至验收合格。

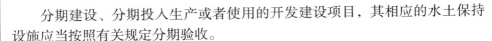

分期建设、分期投入生产或者使用的开发建设项目，其相应的水土保持设施应当按照有关规定分期验收。

（六）土地利用验收

在项目竣工验收前，使用划拨国有土地的项目，建设单位应取得县级以上地方政府的批准用地文件和国有土地划拨决定书，以及其他项目应取得土地使用证。

建设单位应按照国家有关城乡规划、土地、森林、草原等法律法规规定，以及地方政府具体规定，向地方政府城市规划行政主管部门、土地行政主管部门等申请土地利用验收，并获取建设工程规划验收合格证和建设用地验收合格证等相关文件。

（七）档案验收

1. 分类管理

依据《中国石油天然股份有限公司建设项目档案管理规定》（石油办〔2010〕281号）要求，油气田地面建设项目档案验收须在项目竣工验收前完成，实行分类管理：

（1）受国家发展和改革委员会委托验收的项目，由股份公司组织验收，验收结果保国家档案局备案。

（2）由股份公司审批的油气田地面建设项目档案由股份公司总裁办负责组织验收，或由股份公司出具委托函委托各单位档案机构组织验收，验收结果报股份公司总裁办公室文档处备案。

（3）勘探与生产公司和各油气田公司审批管理的其他油气田地面建设项目档案由建设单位档案主管部门负责组织验收，验收结果由档案部门归档保存。

2. 验收条件

申请项目档案验收应具备下列条件：

（1）项目主体工程和辅助设施已按照设计建成，能满足生产或使用的需要。

（2）项目试运行指标考核合格或者达到设计能力。

（3）完成了项目建设全过程文件材料的收集、整理与归档工作。

（4）基本完成了项目档案的分类、组卷、编目等整理工作。

3. 验收程序

项目档案验收一般程序如图14-6所示。

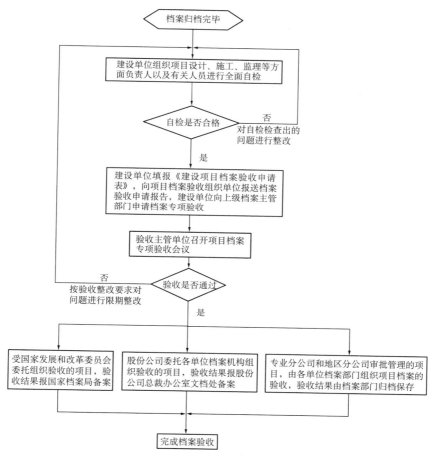

图 14-6 档案验收程序

1）验收准备

建设单位在填报《建设项目档案验收申请表》之前，验收准备主要工作有项目档案自检、编写项目档案验收申请报告和项目竣工档案验收报告三项。

（1）项目档案自检。

建设单位应组织项目设计、施工、监理等方面负责人及有关人员，根据档案工作的要求，依照《股份公司建设项目文件归档范围和保管期限表》和《重大建设项目档案验收内容及要求》进行全自检，完成项目档案质量报告。建设工程档案质量自检报告内容和格式参照表 14-1。

表14-1 建设工程档案质量自检报告

单位	自查内容	自查情况	责任单位
施工单位	工程档案齐全、系统、完整		施工单位：（盖章）
	工程档案的内容真实、准确反映工程建设活动和工程实际情况		
	工程档案已整理立卷，立卷符合《建设工程文件归档整理规范》的规定		
	竣工图绘制方法、图式及规格等符合专业技术要求，图面整洁，盖有竣工图章		
	文件的形成、来源符合实际，要求单位或个人签章的文件其签章手续完备		
	文件材质、幅面、书写、绘图、用墨、托裱等符合要求		
	资料员：项目经理		
监理单位	工程档案齐全、系统、完整		监理单位：（盖章）
	工程档案的内容真实、准确反映工程建设活动和工程实际情况		
	工程档案已整理立卷，立卷符合《建设工程文件归档整理规范》的规定		
	竣工图绘制方法、图式及规格等符合专业技术要求，图面整洁，盖有竣工图章		
	文件的形成、来源符合实际，要求单位或个人签章的文件其签章手续完备		
	文件材质、幅面、书写、绘图、用墨、托裱等符合要求		
	审核人：总监		
建设单位	工程档案齐全、系统、完整		建设单位：（盖章）
	工程档案的内容真实、准确反映工程建设活动和工程实际情况		
	工程档案已整理立卷，立卷符合《建设工程文件归档整理规范》的规定		
	竣工图绘制方法、图式及规格等符合专业技术要求，图面整洁，盖有竣工图章		
	文件的形成、来源符合实际，要求单位或个人签章的文件其签章手续完备		
	文件材质、幅面、书写、绘图、用墨、托裱等符合要求		
	资料员：负责人		

（2）项目档案验收申请报告。

建设项目档案验收申请报告由建设单位负责编制，其主要内容包括：

①项目建设及项目档案管理概况。

②保证项目档案的完整、准确、系统所采取的控制措施。

③项目文件材料的形成、收集、整理与归档情况，竣工图的编制情况及质量状况。

④档案在项目建设、管理、试运行中的作用。

⑤存在的问题及解决措施等。

（3）项目竣工档案验收报告。

形成档案资料在1000卷以上的（含1000卷），建设单位应专门编制有档案情况的项目竣工档案验收报告；形成档案资料在1000卷以下的，建设单位则应在竣工验收报告中专章叙述竣工档案的情况。其内容都应包括：

①项目档案资料概况。

②项目档案工作管理体制。

③项目文件、资料的形成、积累、整理与归档工作情况。

④竣工图的编制情况及质量。

⑤项目档案资料的接收、整理、管理工作情况。

⑥存在问题及解决措施。

⑦档案完整、准确、系统性评价及在施工、试生产中的作用。

⑧附表。附表中包括的条目：单项、单位工程名称、文字材料（卷、页）、竣工图（卷、页）。

2）验收申请

由股份公司总裁办公室负责档案验收的项目，建设单位报送项目档案验收申请报告（附项目档案自检报告），并填报《建设项目档案验收申请表》。

其他项目，由生产单位或业主项目部向建设单位档案主管部门报送项目档案验收申请报告（附项目档案自检报告），并填报《建设项目档案验收申请表》。

3）验收组织

项目档案验收组织单位应在收到档案验收申请报告的10个工作日内作出有关档案验收事项的答复。

项目档案验收由负责验收的主管部门组织成立验收组，采用质询、现场查验、抽查案卷的方式进行。抽查档案的数量不少于案卷总数的10%～15%，抽查重点为项目前期管理性文件、隐蔽工程文件、竣工文件、质检文件、重要合同、协议等，最后以验收组召集会议的形式进行。项目建设单位（负责人）、设计、施工、监理和生产运行管理或使用单位的有关专业人员列席会议。主要会议议程包括：

（1）项目建设单位（负责人）汇报项目建设概况、项目档案工作情况。

（2）监理单位汇报项目档案质量的审核情况。

（3）项目档案验收组检查项目档案及档案管理情况。

（4）项目档案验收组对项目档案质量进行综合评价。

（5）项目档案验收组形成并宣布项目档案验收意见。

对验收中存在的问题，要求建设单位限期组织整改。

（八）竣工决算审计

按照《中国石油天然气股份有限公司建设项目审计项目管理办法》（石油审〔2014〕332号）等有关要求，项目竣工决算审计应在竣工验收前完成。未实施竣工决算审计的项目，不得办理竣工验收手续。

（1）建设单位应在每年11月份前编制完成下一年度一类、二类、三类和四类项目竣工决算审计计划。

（2）建设单位负责审批三类、四类项目竣工决算审计计划，并将一类、二类项目竣工决算审计计划报送勘探与生产公司，勘探与生产公司统一审核后报送股份公司主管部门审批。

（3）一类、二类项目，建设单位应在试运行之日起12个月内完成竣工决算书，具备竣工决算审计条件。股份公司主管部门应按批准的竣工决算审计计划完成一类和部分重点二类项目审计，并监督检查建设单位按批准的竣工决算审计计划完成其他二类项目审计。三类、四类项目，建设单位应在试运行之日起6个月内编制完成竣工决算书，之后三个月内完成审计。

三、初步验收

（一）初步验收组织

一类项目的油气田地面建设项目初步验收由油气田公司（建设单位）组织本单位相关部门、工程质量监督机构组成初步验收小组进行。建设单位的业主项目部、生产单位，以及勘察、设计、施工、监理、检测等参建单位参加初步验收；二类、三类、四类和其他项目的油气田地面建设项目的初步验收由各油气田公司制定规定执行。

油气田地面建设项目管理手册

（二）竣工验收申请

初步验收合格并完成问题整改后，由初步验收组织单位向负责组织竣工验收单位提交竣工验收申请书（附录2）和竣工验收报告书。

（三）初步验收内容和程序

初步验收重点检查设计、施工质量，核查竣工文件、竣工验收文件，为竣工验收作好准备。初步验收程序可分为以下步骤：

（1）建设单位成立初步验收小组，确定初步验收议程。

（2）初步验收小组听取竣工验收报告。

（3）工程质量监督机构通报工程质量监督情况。

（4）听取和审议项目生产准备和生产考核情况总结，以及勘查、设计、施工、监理等单项总结。

（5）对专项验收进行符合性审查。

（6）审查竣工文件完整性和准确性。

（7）现场查验项目建设情况。

（8）对存在问题落实相关单位限期整改。

（9）对项目做出全面评价，形成统一意见，验收小组成员签署初步验收鉴定书，初步验收鉴定书的内容和格式参照竣工验收鉴定书的内容和格式。

四、竣工验收

（一）验收计划与实施

1. 验收计划

建设单位应在每年年底前编制完成下一年度一类、二类、三类和四类项目竣工验收计划，并向勘探与生产公司报送一类项目竣工验收计划。勘探与生产公司形成并组织落实一类项目年度竣工验收计划，监督、检查和考核建设单位的项目竣工验收工作。

2. 项目验收

一类项目的验收，勘探与生产公司在收到竣工验收申请和竣工验收报告书后，经审查符合验收条件时，要及时组织安排竣工验收，并在工程竣工验收7个工作日前将验收的时间、地点及验收组名单书面通知负责监督该工程的工程质量监督机构。

其他项目的竣工验收，在项目满足竣工验收条件时，各建设单位也要及时组织验收。

（二）竣工验收的组织

勘探与生产公司负责组织验收的一类项目，应组织成立竣工验收委员会，竣工验收委员会设主任委员一人，副主任委员若干人，委员若干人。竣工验收委员会主任委员由勘探与生产公司指定，委员应包含股份公司相关部门、建设单位、工程质量监督机构。必要时可邀请工艺技术、工程质量、工程造价、安全环保、档案管理、生产运行等方面专家参加。

建设单位负责验收的二类、三类和四类项目，根据项目实际情况，可精简竣工验收委员会成员。

建设单位应组织勘察、设计、施工、监理和检测等参建单位参加验收工作。

（三）竣工验收的内容和程序

项目竣工验收程序可分为以下步骤：

1. 召开预备会议

（1）成立竣工验收委员会。

（2）确定竣工验收专业分组。

（3）确定竣工验收议程。

2. 召开首次竣工验收会议

（1）听取和审议建设单位关于项目初步验收情况汇报，或听取和审议未组织初步验收项目的生产准备、生产考核情况总结，以及勘察、设计、施工、监理等单项总结。

（2）对消防、竣工环境保护、安全设施、职业病防护设施、水土保持设施、土地利用、档案和竣工决算审计等专项验收进行符合性审查。

（3）听取工程质量监督机构质量监督结论意见。

（4）听取和审议竣工验收报告。

3. 现场验收

现场查验工程建设情况，重点查看相关专项验收等发现的问题整改落实情况。

4. 竣工验收总结会议

（1）明确验收中发现的问题及整改时间要求。

（2）讨论形成并签署竣工验收鉴定书。

（四）有关事项

（1）项目竣工验收不合格的，建设单位应根据竣工验收意见组织限期整改，并重新履行竣工验收程序。

（2）建设单位应当按照国家和股份公司有关规定办理固定资产预转资和转资手续。

（3）项目竣工验收费用应按照国家和股份公司有关项目核算规定规范列支。由于设计、施工或其他原因造成额外竣工验收费用，按合同约定由相关责任单位承担。

（4）石油天然气管道工程应当自管道竣工验收合格之日起 60 日内，建设单位按照《中华人民共和国石油天然气管道保护法》的有关要求，将竣工测量图报管道所在地县级以上地方人民政府主管管道保护工作的部门备案。县级以上地方人民政府主管管道保护工作的部门应当将管道企业报送的管道竣工测量图分送本级人民政府规划、建设、国土资源、铁路、交通、水利、公安、安全生产监督管理等部门和有关军事机关。

（5）房屋建筑工程应当自工程竣工验收合格之日起 15 日内，建设单位按照《房屋建筑工程和市政基础设施工程竣工验收备案管理暂行办法》有关要求，向工程所在地的县级以上地方人民政府建设行政主管部门备案。

第五节　竣工验收资料准备

竣工验收准备工作是竣工验收的重要环节，建设单位必须从立项时就开始组织参与工程建设的设计、施工、生产、监理、检测、质量监督等单位做好竣工验收准备工作，做到竣工验收准备工作与工程建设同步进行。这些工作主要包括四个方面。

一、建设项目开工前工作

建设单位要负责组织设计、施工、材料设备采购、生产和监理单位完成单位工程的划分、统一工程编号、统一交工技术文件的内容和格式，明确试生产考核的内容和格式；并对项目管理、勘察设计、引进、生产准备及试运行考核、施工、无损检测、材料设备采购、监理等单项总结的内容及对竣工图的编制等提出要求。

二、建设项目开工初期工作

建设单位负责收集和整理项目（预）可行性研究报告或油气田总体开发方案的地面工程部分、初步设计及有关批准文件。

三、工程建设过程中工作

建设、勘察设计、材料设备采购、施工、生产、监理、无损检测等单位要严格按照国家和股份公司关于竣工验收的有关规定，按照建设单位在开工前的统一要求，认真做好工程管理文件、交工技术文件、投产试运及试生产考核文件的积累归档，确保竣工文件的原始性、真实性、准确性、科学性和系统性，做到与工程建设同步，为建设项目竣工验收打下基础。

四、竣工文件、竣工验收文件的编制汇编

在项目建成投产后，建设单位应统一要求，分别整理汇编，统一组卷。各单位的主要竣工验收资料准备工作见表14-2。

表14-2　各单位主要竣工验收资料准备工作

类型	主要文件（工作）	编制单位	负责单位	备注
竣工文件	可行性研究报告及批准文件	建设项目组	建设单位	
	勘察设计、初步设计及批准文件	建设项目组	建设单位	
	项目批准文件及其他有关重要文件的汇编	建设单位	建设单位	
	项目管理文件	建设单位	建设单位	
	施工文件	施工单位、设计单位	建设单位	
	竣工图	施工单位	建设单位	
	监理文件	监理单位	建设单位	
	无损检测文件	无损检测单位	建设单位	
	工艺设备文件	建设单位	建设单位	
	涉外文件	建设单位	建设单位	

类型	主要文件（工作）	编制单位	负责单位	备注
竣工文件	消防文件	建设单位	建设单位	
	生产技术准备	建设单位	建设单位	
	试生产文件	建设单位	建设单位	
	财务文件	建设单位	建设单位	
	器材管理	建设单位	建设单位	
竣工验收文件	项目管理工作总结	项目管理机构	建设单位	
	引进工作总结	引进部门	建设单位	
	材料设备采购总结	材料设备采购部门	建设单位	
	生产准备及试运考核总结	生产单位	建设单位	
	勘察设计总结	勘察设计单位	建设单位	
	施工总结	施工单位	建设单位	
	无损检测总结	无损检测单位	建设单位	
	建设监理总结	建设监理单位	建设单位	
	环境监理工作总结	环境监理单位	建设单位	
	监造工作总结	监造单位	建设单位	
	设备监理总结	设备监理单位	建设单位	
	竣工验收报告书	建设单位	建设单位	
	工程质量监督报告	工程质量监督站	建设单位	
主要工作	竣工文件编制的组织、归档工作	建设单位	建设单位	
	检查、督促勘察设计、施工、生产、监理、无损检测等单位编制各单项总结，并负责汇编	建设单位	建设单位	
	办理专项验收手续	建设单位	建设单位	

　　油气田地面建设项目竣工验收具体执行《油气田地面建设项目竣工验收手册》。

第十五章 项目后评价管理

第一节 项目后评价概述

一、项目后评价的概念

项目后评价一般是指对已经实施或完成的项目所进行的评价。它通过对项目实施过程、结果及其影响进行调查研究和全面系统回顾，与项目决策时确定的目标以及技术、经济、环境、社会指标进行对比，找出差别和变化，分析原因，总结经验，汲取教训，得到启示，提出对策建议，通过信息反馈，改善投资管理和决策，达到提高投资效益的目的。

根据《中国石油天然气集团公司投资项目后评价管理办法》，项目后评价是指对投资项目的前期决策、实施和生产运营等过程，以及项目目标、投资效益、影响与持续性等方面进行的综合分析和系统评价。

根据油气田建设实际，地面建设项目一般不单独进行后评价，而是作为油气田开发项目的一部分，整体进行后评价。油气田开发项目后评价包括前期工作评价、地质油（气）藏工程评价、钻井工程评价、采油（气）工程评价、地面工程评价、生产运行评价、投资与经济效益评价、影响与持续性评价。油气田管道项目可单独进行后评价。

根据需要，可针对项目全过程管理中的某一环节进行专题评价，对同类的多个项目进行综合性的专项评价，也可对项目从开工到竣工验收前进行阶段性的中间评价，对已开展后评价项目的效益效果情况进行后续的跟踪评价。

二、项目后评价的原则

（一）客观性原则

对油气田地面建设项目进行实事求是、客观、全面、深入的分析，总结经验，发现问题，分析原因，并提出改进意见。这是后评价工作应遵循的首要原则。

（二）公正性原则

按统一的标准或规范，对油气田地面建设项目作出正确的评价。

（三）科学性原则

要以科学严谨的态度，运用科学的理论和方法，认真总结出成功的经验，找出油气田地面建设项目建设运营存在的主要问题和失误教训。后评价的结论应真实可信，并对今后投资决策和项目管理工作起到借鉴作用，能经得起实践检验。

（四）独立性原则

油气田地面建设项目后评价组织机构应相对独立，独立后评价主要负责人不能由该项目前评估的负责人担任。项目后评价的独立性原则是评价结果的公正性和客观性的重要保障。

三、项目后评价的分类

（一）按评价时点划分

项目后评价按评价时点划分为项目中间评价和项目后评价。

1. 项目中间评价

项目中间评价是指项目开工以后到竣工验收之前任何一个时点所进行的评价。评价的目的通常是：或评价检查项目设计的质量，或评价项目在建设过程中的重大变更，或诊断项目发生的重大困难和问题，寻求对策和出路等，往往侧重于项目层次上的问题。

2. 项目后评价

项目后评价是指项目建成投产一段时间后所进行的评价，一般认为，生产性行业在建成投产以后两年左右，基础设施行业在建成投产以后五年左右。

（二）按详略程度划分

项目后评价按详略程度分为简化后评价和详细后评价。

1. 简化后评价

简化后评价主要是采用填报简化后评价表的形式，对项目全过程进行概要性的总结和评价。简化后评价表按照集团公司各类简化后评价模板进行编制。

2. 详细后评价

详细后评价是对项目进行全面、系统、深入的总结、分析和评议。详细后评价报告按照集团公司地面工程项目后评价报告编制细则进行编制。

（三）按评价实施者划分

项目后评价按评价实施者划分为自我后评价和独立后评价。

1. 自我后评价

自我后评价是指由项目实施企业自行对项目进行的评价。

2. 独立后评价

独立后评价是指委托外部具备承担项目独立后评价任务的咨询机构进行的评价。承担项目独立后评价任务的咨询机构与该项目建议书、可行性研究报告和初步设计的编制、评估单位不应当为同一单位。

四、项目后评价的方法

项目后评价应采用定性和定量相结合的方法，主要包括：调查法、对比法、逻辑框架法、项目成功度评价法等。其中，调查法包括资料查阅、现场检查、问卷调查、访谈和座谈讨论会等，对比法包括前后对比、有无对比和横向对比法。具体项目后评价方法应根据项目特点和后评价的要求，选择一种或多种方法对项目进行综合评价。

1. 前后对比法

前后对比法，是将项目建成投产后的实际结果及预测效果同项目立项决策时确定的目标、投入和产出效益等进行对比，确定项目是否达到原定各项指标，并分析发生变化的原因，找出存在的问题，提出解决措施和建议。

2. 横向对比法

横向对比法，是将项目与集团（股份）公司、国内外同类项目进行比较，通过对投资水平、技术水平、产品质量、经济效益等方面进行分析，评价项目实际竞争能力。

3．有无对比法

有无对比法，是将项目投产后实际发生的情况与没有运行该项目可能发生的情况进行对比，以度量项目的真实效益、影响和作用。对比的目的主要是分清项目自身作用和项目以外作用。有无对比法主要用于改扩建项目评价。

所属企业自评价应侧重前后对比，如实反映项目各阶段工作的实际情况，突出前期工作、实施、生产运营和财务效益等方面的总结与评价，对项目预期目标实现程度进行分析评价。

咨询机构独立后评价应采用前后对比和横向对比相结合的方式，根据项目特点有所侧重，重点对项目前期工作、财务效益、影响和持续性、项目竞争力和成功度等方面进行分析评价。

第二节　项目后评价的内容

一、前期工作评价

前期工作评价是指对油气田地面建设项目从（预）可行性研究、初步设计到纳入投资计划前各项工作及其成果的评价。主要包括：

（1）项目立项条件及决策程序评价。

（2）项目（预）可行性研究、可行性研究评估、初步设计等项目前期工作评价。

（3）项目（预）可行性研究单位、咨询评估单位、初步设计单位评价。

二、建设实施评价

建设实施评价是指对油气田地面建设项目从施工图设计、建设实施到竣工投产各阶段工作的评价。主要包括：

（1）施工图设计评价。

（2）施工准备、工程质量和建设进度评价。

（3）项目建设管理评价。

（4）项目施工图设计单位、施工单位和监理单位评价。

三、生产运行评价

生产运行评价是指油气田地面建设项目从生产准备到确定进行后评价时点前各项工作及生产运营的评价。主要包括：

（1）生产准备评价。

（2）投产和试生产评价。

（3）生产运行评价。

四、投资与经济效益评价

投资与经济效益评价是指对油气田地面建设项目投资执行情况和经济效益的评价。

（1）投资执行情况评价，主要是对油气田地面建设项目实际完成的投资额同项目立项时批准的投资额进行对比，并对投资变化的原因进行分析评价。

（2）经济效益评价，主要是油气田地面建设项目实际实现的、以及后评价时点后预测的经济效益指标同立项时预测的经济效益指标进行对比，并对发生变化的原因进行分析评价。

五、影响与持续性评价

影响与持续性评价是指油气田地面建设项目建成投产后对环境、社会和企业本身的影响与持续性进行评价。

（1）影响评价，主要是指油气田地面建设项目建成投产后对环境、社会和企业本身的实际影响，同时对未来影响进行预测。

（2）持续性评价，主要通过对油气田地面建设项目持续性发展因素分析和评价找出关键因素，就项目的可持续性发展做出评价并提出相应建议。

第三节 项目后评价组织管理和工作程序

一、后评价管理机构和组织体系

（一）管制体制

集团公司对后评价工作实行统一制度、归口管理、分级负责管理。集团公司总部、专业分公司（勘探与生产公司）、油气田公司按照权限履行后评价管理职责。

统一制度，就是形成上下匹配、标准统一、管理规范的制度体系。集团公司依据国家现行的后评价相关管理规定，制定适合中国石油特色的统一的规章制度和管理办法，专业分公司（勘探与生产公司）、油气田公司根据集团公司后评价管理办法制定适合本部门与企业性质、业务特点的后评价管理制度。

归口管理，就是集团公司规划计划部、专业分公司（勘探与生产公司）规划计划部门（或其指定部门）、油气田公司规划计划部门（或其指定部门）作为集团公司后评价工作分级主管部门，统一组织和管理本系统后评价工作，分级制定后评价计划并组织实施。

分级负责，就是集团公司、专业分公司（勘探与生产公司）、油气田公司根据各自职责和权限，在归口管理的基础上，按照"谁主管、谁负责"原则，各司其责，形成统一领导、分工合作、密切配合、相互协作的管理格局。

（二）管理机构及职责

1. 集团公司

集团公司规划计划部是集团公司后评价工作归口管理部门，主要职责是：

（1）组织制订集团公司项目后评价管理制度和技术规范。

（2）组织编制集团公司后评价工作规划和年度计划。

（3）组织集团公司后评价成果验收、信息反馈、成果发布与应用，以及业务培训和工作交流等工作。

（4）组织集团公司项目后评价信息管理系统和数据库建设工作。

（5）负责一类、二类和专项投资项目后评价工作组织与协调，支持后评价咨询机构做好相关工作。

（6）指导、监督和检查专业分公司（勘探与生产公司）、油气田公司后评价工作。

（7）根据需要指定专业分公司（勘探与生产公司）、油气田公司组织开展项目详细后评价工作。

集团公司相关部门按照项目投资管理权限和职能分工履行后评价管理和监督职责。

2. 勘探与生产公司

勘探与生产公司后评价管理职责：

（1）按照集团公司项目后评价管理制度，组织本业务板块业务范围内的投资项目后评价工作。

（2）组织编制本业务板块后评价工作规划和年度计划。

（3）组织本业务板块后评价成果验收、信息反馈、成果发布与应用，以及业务培训和工作交流等工作。

（4）参与投资项目后评价信息管理系统建设工作。

（5）协助规划计划部或根据业务需要自行组织一类和二类项目详细后评价工作，支持后评价咨询机构做好相关工作。

（6）负责三类项目后评价工作组织管理与协调。

（7）指导、监督和检查油气田公司后评价工作。

（8）根据需要指定油气田公司组织开展详细后评价工作。

3. 油气田公司

油气田公司后评价管理职责：

（1）按照集团公司项目后评价管理制度，组织本企业项目后评价工作。

（2）组织编制本企业后评价工作规划和年度计划。

（3）组织本企业后评价成果验收、信息反馈、成果发布与应用，以及业务培训和工作交流等工作。

（4）参与投资项目后评价信息管理系统建设工作。

（5）按照集团公司项目后评价技术规范和集团公司、专业分公司（勘探与生产公司）的要求，负责组织本企业一类、二类和三类项目自评价报告编制工作。

（6）配合后评价咨询机构做好相关工作。

（7）负责四类项目后评价工作组织管理与协调。

（8）负责本企业所有项目的简化后评价工作。

专业分公司（勘探与生产公司）、油气田公司规划计划业务主管部门负责归口本单位后评价管理工作，应设立后评价机构或岗位。

（三）后评价组织体系

项目后评价工作组织体系由后评价归口管理部门、职能管理部门、项目责任部门、后评价咨询机构组成。各级后评价归口管理部门应组织职能管理部门、项目责任部门和后评价咨询机构，共同开展项目后评价工作，确保项目后评价各项工作有序实施。

后评价职能管理部门包括财务、人力资源、监察、审计、内控与风险管理等具有监督、考核职能的部门，主要负责以下工作：

（1）参与项目后评价现场调研和报告评审等工作。

（2）配套制定项目后评价考核指标及问责制度。

（3）根据项目后评价结论，执行考核及问责。

后评价项目责任部门是油气田公司的投资计划、财务、工程建设、物资采购、生产运营等参与投资活动和项目运营的相关部门，主要负责以下工作：

（1）提供项目后评价所需各种资料、数据和信息，配合项目后评价工作。

（2）根据项目后评价结论，落实后评价意见和建议的整改要求。

后评价咨询机构主要负责接受规划计划业务主管部门委托开展后评价工作。后评价咨询机构还应参与后评价信息管理系统和项目数据库维护，后评价理论方法、技术规范和指标体系研究，以及后评价人员培训与交流等工作。后评价咨询机构应具备下列条件：

（1）具有相应资质且熟悉集团公司相关行业投资项目的特点。

（2）具有符合后评价业务要求的专业技术、工程经济及项目管理人员。

（3）项目负责人和骨干人员应熟悉集团公司投资管理、工程建设管理等相关制度和规定，具有相关专业高级技术职称、丰富的管理经验。

（4）具有良好的信誉和业绩。

（5）其他应具备的条件。

二、项目后评价工作程序

（一）简化后评价

集团公司、专业分公司（勘探与生产公司）或油气田公司批复可行性研究报告的项目，在建成投产运行一年内，由油气田公司规划计划业务主管部门组织开展简化后评价。评价成果按投资管理权限以油气田公司文件形式报集团公司规划计划部或专业分公司（勘探与生产公司）。

（二）详细后评价

详细后评价主要针对重点项目开展。集团公司、专业分公司（勘探与生产公司）或油气田公司规划计划业务主管部门编制后评价年度工作计划时，应结合简化后评价成果，选择一定数量的典型项目开展详细后评价，主要包括：

（1）对集团公司业务发展、产业结构调整有重大指导和示范意义的项目。

（2）对优化资源配置、完善产业布局、促进技术进步、节约资源、保护环境和提升整体效益有较大影响的项目。

（3）采用新技术、新工艺、新设备、新材料和新型建设管理模式，以及其他具有特殊示范意义的项目。

（4）跨地区、投资大、工期长、建设条件较复杂，以及项目建设过程中发生重大方案调整、投资发生重大变化或项目投产后产品市场、原料供应条件发生重大变化的项目。

（5）长期不能建成（超过工期1年以上）或建成后长期（1年以上）不能投产的项目。

（6）进行重大技术改造和改扩建的项目。

（7）对环境、社会产生较大影响或社会舆论普遍关注的项目。

专业分公司（勘探与生产公司）或油气田公司年度后评价工作计划应报集团公司规划计划部备案。

集团公司规划计划部组织的详细后评价项目主要分为后评价计划下达、油气田公司组织自评价、咨询单位进行独立后评价、油气田公司整改落实、集团公司规划计划部反馈后评价意见五个工作程序。

（1）集团公司以文件形式下达年度详细后评价计划，明确评价范围、评价时点、重点内容、工作组织及进度要求等。

（2）油气田公司应成立项目自评价工作领导小组，负责制定工作计划、明确职责、报告审查与工作协调。领导小组下设工作组，由油气田公司后评价归口管理部门牵头，组织勘探开发、建设管理、生产运行、财务、质量安全环保、审计等相关部门参加，具体负责项目自评价报告编制。在规定的时间内完成项目自评价报告，经规划计划部组织验收后，以文件形式报集团公司规划计划部；并将自评价标准数据信息采集表等过程文件上传项目后评价信息管理系统和数据库。

（3）咨询机构在接受委托后，应组建满足专业评价要求的独立后评价项目组和专家组，在现场调研和资料收集的基础上，结合项目自评价报告对项目进行全面系统的分析评价。在规定的时间内提交项目独立后评价报告，并将独立后评价标准数据信息采集表、专家意见表和工作底稿等过程文件上传项目后评价信息管理系统和数据库。

（4）油气田公司应依据项目独立后评价报告提出的问题进行整改，并将整改情况报规划计划部。

（5）集团公司规划计划部应根据油气田公司自评价报告、咨询机构独立后评价报告及油气田公司整改落实报告，组织有关部门和单位进行分析和评价，形成项目后评价意见，并及时将项目后评价成果和有关信息反馈到相关部门、单位和机构。

专业分公司（勘探与生产公司）和油气田公司组织的详细后评价工作应参照实施，程序可适当简化。

（三）后评价汇总分析

油气田公司要对重点项目详细后评价和简化后评价进行汇总，形成汇总分析报告，以文件形式报集团公司规划计划部备案，同时抄送专业分公司（勘探与生产公司）。

第四节　项目后评价成果应用

一、成果形式与内容

项目后评价成果主要包括项目后评价报告、后评价意见、简报、通报、专项评价报告和年度报告等。

（一）项目后评价报告

根据后评价工作形式的不同，后评价成果主要包括简化后评价、详细后评价、独立后评价等三类成果。

简化后评价成果包括归类汇总简表和简化后评价报告。简化后评价报告主要包括：项目概况表、工作程序评价表、主要评价指标表、综合评价表。

详细自评价成果主要是详细自评价报告。详细自评价报告主要包含七部分：概述、前期工作评价、建设实施评价、生产运营评价、投资及财务效益评价、影响与持续性评价、总体评价结论及主要经验教训。

独立后评价成果主要是独立后评价报告。独立后评价报告主要包含六部分：项目概况、项目全过程总结与管理评价、投资和效益评价、环境和社会影响评价、目标和可持续性评价、后评价结论。

（二）项目后评价意见

后评价意见是由计划下达部门下达，在项目自评价报告和独立后评价报告基础上形成的后评价结论，主要是总结经验和教训，并提出整改意见。后评价意见由计划下达部门组织相关部门进行分析和评议，以文件形式反馈油气田公司，主要包括项目概况、后评价结论、值得推广的做法、存在的问题、下一步工作意见和建议等五部分内容。

（三）简报、通报、专项评价报告

集团公司项目后评价简报、通报和专项评价报告主要由规划计划部完成，不定期发布。

简报、通报是用于后评价工作上传下达有关情况、交流信息、表扬先进、指出存在问题、通报有关情况的成果表现形式。简报、通报将后评价工作进展情况以及工作中出现的新情况、新问题、新经验，及时反映给公司各部门和油气田公司，具有反映情况、交流经验、传播信息的作用。

专项评价报告是在总结开展专题评价经验基础上，围绕对公司发展战略有重大影响及项目全过程管理中存在的共性问题的某类项目后评价成果的分析研究形式，总结出对同类项目有借鉴意义的经验和教训。报告主要包括基本情况、主要评价结论、经验和教训、问题和建议、启示。

（四）年度报告

集团公司年度报告是对项目后评价工作开展情况的年度总结，由规划计划部每年发布一次。年度报告主要包括以下内容：投资完成情况、项目基本情况、量化评分和排序、主要评价结论（包括目标评价、管理评价、效益评价）、值得推广的经验和做法、存在的主要问题、启示。

专业公司（勘探与生产公司）、油气田公司年度报告是对专业公司（勘探与生产公司）或油气田公司当年简化后评价和详细自评价项目实际开展情况的年度总结，报告主要内容参照集团公司年度报告。

二、成果格式

（一）项目后评价意见

项目后评价意见格式内容如图15-1所示。

关于《××公司××年××投资项目后评价》的意见

××公司：

在你公司××年××投资项目自评价的基础上，我部委托××对该项目进行了独立后评价，通过现场调研、分析评议等工作，已按程序完成了该项目的后评价任务，现将评价意见反馈如下：

一、项目概况

（1）简要叙述项目建设背景、项目所包括的工程范围及内容。

（2）简要说明项目可研及初步设计批复时间、项目开工日期、投产运行时间、竣工验收时间。

二、后评价结论

分目标实现程度、前期工作、建设实施、生产运行、投资及经济效益、影响与可持续性等六个方面提出对项目进行全面、系统总结。

三、值得推广的做法

总结提炼项目在前期工作、建设实施、生产运行、影响与可持续性等方面值得推广的经验和做法。

四、存在的问题

分析项目在前期工作、建设实施、生产运行、影响与可持续性等方面存在的主要问题。

五、下一步工作意见和建议

对存在的问题提出具体的意见和建议。并要求项目建设单位落实专人对问题进行整改落实，并将整改意见反馈规划计划部。

××年××月××日

中国石油天然气集团公司规划计划部

图15-1 项目后评价意见格式内容

（二）年度报告

后评价年度报告格式内容如图 15-2 所示。

关于中国石油天然气集团公司
×× 年投资项目后评价年度报告的通报

各企事业单位：

按照《中国石油天然气集团公司固定资产投资项目后评价管理办法》（中油计字〔2006〕735 号）的有关要求，集团公司于 ×× 年对 ××、×× 和 ×× 等 ×× 个典型项目进行了详细后评价，为系统、深入总结经验教训，不断提高投资项目管理水平，现将投资项目后评价年度报告结果通报如下：

一、项目基本情况

说明 ×× 年度后评价项目类别、数量、覆盖范围。

二、主要评价结论

包括目标评价、管理评价、效益评价。

三、值得推广的经验和做法

总结提炼项目在前期工作、建设实施、生产运行、影响与可持续性等方面值得推广的经验和做法。

四、发现的主要问题

分析项目在前期工作、建设实施、生产运行、影响与可持续性等方面存在的主要问题。

五、建议

对存在的问题提出具体建议。

×× 年 ×× 月 ×× 日
中国石油天然气集团公司

图 15-2　后评价年度报告格式内容

（三）专项评价报告格式

专项评价报告可根据不同类型项目的特点，参照年度报告格式，选择相应方式进行编写。

三、成果应用

各级规划计划业务主管部门通过项目后评价工作，认真汲取项目的经验教训，及时将后评价成果提供给相关部门、单位和机构参考，将后评价成果作为规划制定、项目审批、投资决策、项目管理的重要依据。

集团公司建立后评价与新上项目挂钩机制。所有新上项目应有后评价管理部门出具的意见，其中改扩建项目应有对原项目的后评价报告，作为项目立项审批的重要依据。

后评价发现项目存在严重违反相关制度规定的行为，在一定期限内暂停安排该企业其他项目的投资计划。

对于项目后评价发现的问题，油气田公司应认真分析原因，落实整改意见，提出改进措施。规划计划业务主管部门会同职能管理部门，按照职能分工对项目后评价整改落实情况进行监督检查；对未实施整改的，依照有关规定，追究相关单位和人员的责任；对后评价反映的典型性、普遍性、倾向性问题及时进行研究，并将其作为规范管理、完善制度的依据。

发挥项目后评价的监督职能，做好项目后评价与集团公司其他监督体系的有效衔接，及时将项目后评价结论提供给相关监督部门，作为考核和问责的重要依据。

重大投资项目的后评价结论与油气田公司主要领导任期考核相结合，并作为离任审计的重要内容。

重大投资项目的后评价结论与油气田公司项目负责人及相关责任人考核相结合，并作为考核、管理及使用的重要参考依据。

项目后评价结论与承包商及主要设备和大宗材料供应商的信用评价、责任追究相结合，违反法律法规和合同约定，给企业造成损失的，应根据合同约定追究其责任，并在集团公司范围内予以通报；情节严重的，应将其列入集团公司黑名单管理，油气田公司不得再委托其从事相关业务。其中承包商包括项目（预）可行性研究编制、咨询评估、设计、施工和监理等单位。

第十六章　优秀设计及
优质工程评选

第一节　优秀工程勘察设计奖评选

　　油气田公司优秀工程勘察设计奖包括优秀工程勘察奖、优秀工程设计奖、优秀工程设计软件奖、优秀工程标准设计奖四个奖项，每个奖项分设一、二、三等奖。评奖活动每年进行一次。

　　油气田公司级优秀工程勘察设计奖，必须是在勘察设计企业评出的优秀工程勘察设计一、二等奖中评选。

一、评选范围及条件

（一）优秀工程勘察

　　1. 评选范围

　　竣工验收并经一年以上（以建设单位和有关部门证明日期为准）实际运行检验，且自竣工验收到项目申报的时限不超过二年的建设工程（包括新建、扩建、改建）的工程勘察项目。

　　2. 评选条件

　　（1）贯彻执行国家有关法律法规、方针政策，符合工程建设强制性标准和有关标准、规范要求。

　　（2）勘察方法和手段选用适当，勘察成果能正确反映客观实际，技术水平达到国内领先或接近同期国际先进水平。

　　（3）项目总投资未超概算，经济效益和社会效益较好。

（4）按照建设部《工程勘察资质分级标准》中工程勘察项目规模划分，申报一等奖的项目一般应是甲级工程，申报二、三等奖的项目一般应是乙级（含乙级）以上工程。

（二）优秀工程设计

1. 评选范围

竣工验收并经一年以上（以建设单位和有关部门证明日期为准）连续生产检验，且自竣工验收到项目申报的时限不超过二年的建设工程（包括新建、扩建、改建）或单项工程设计。

2. 评选条件

（1）贯彻执行国家有关法律法规、方针政策，符合工程建设强制性标准和有关标准、规范要求。

（2）工程项目设计主导专业或多个专业中采用新技术。

（3）项目总投资未超概算。

（4）与国内同类项目相比，主要设备、材料及仪表国产化率较高。

（5）按照建设部《工程设计资质分级标准》中各行业建设项目设计规模划分，申报一等奖的项目一般应是行业大型工程，申报二、三等奖的项目一般应是行业中型以上工程。

（三）优秀工程设计软件

1. 评选范围

企业自行开发、合作开发、二次开发通过鉴定并经两项以上工程使用检验的工程设计软件。

2. 评选条件

（1）贯彻执行国家有关法律法规、方针政策。

（2）符合工程建设强制性标准和有关标准、规范要求。

（四）优秀标准设计

1. 评选范围

凡经集团公司或国家有关部门批准出版，至评选时已在工程设计或施工中使用满一年且使用效果显著的工程建设标准设计。

2. 评选条件

（1）贯彻执行国家有关法律法规、方针政策，符合工程建设强制性标准和有关标准、规范要求。

（2）合理采用新技术、新工艺、新设备、新材料，便于工业化生产。

二、申报程序

（一）申报主体

优秀工程勘察设计奖，由勘察设计企业组织申报。

（二）项目创优计划备案

油气田公司优秀勘察设计奖必须在项目策划阶段做好创优计划，并由勘察设计企业将《工程项目创优计划表》（表 16-1）上报油气田公司相关专业机构并在主管部门备案。

表 16-1 （单位工程）项目创优计划表

工程名称：　　　　　　　编号：　　　　　　共　页　第　页

序号	创优目标及要求	创优措施	新技术来源	可靠性分析	负责专业及负责人	协助专业及负责人	检查人	检查实施情况和评价
编制		审核		项目负责人		单位负责人		

（三）申报材料审查上报

勘察设计企业主管部门对申报材料进行审查、签署意见并加盖公章，以正式文件推荐。推荐两个以上工程时，应在申报顺序表中列出推荐排名和等级。

三、评选组织与程序

（一）成立评选机构

油气田公司成立优秀工程勘察设计评选委员会（以下简称"评委会"），评委会下设专业评审组，评委会办公室设在油气田公司主管部门，负责专业奖项的组织实施工作。

（二）评委会人员组成

评委会由油气田公司机关有关处室、有关单位专家组成，办公室负责组建专家库，随机抽取专家组成评委（按奇数抽取）。

（三）评选程序

（1）评委会办公室审查核实申报项目的条件。

（2）专业评审组初审。

①专业评审组专家轮流阅审申报材料，并对每个项目指定两名主审人。

②在评审组专家讨论的基础上，采取无记名投票的方式，产生推荐项目等级和排序。

（3）评委会评审。

①听取专业评审组汇报，对推荐项目进行审议。

②以无记名投票的方式评选获奖项目，获奖项目在油气田公司网站予以公示，至截止日期无异议的，报油气田公司批准后正式发布。

③在评选的油气田公司一、二等奖获奖项目中，以无记名投票方式推荐参加省部级优秀工程勘察设计评选的项目。

四、表彰与奖励

（一）大型工程、中小型工程主要贡献者人数规定

油气田公司对获奖单位颁发奖状和证书，对主要贡献者颁发个人荣誉证书。其中大型获奖工程，主要贡献者总人数不超过 10 人；中小型获奖工程，主要贡献者总人数不超过 7 人。

（二）奖项的作用

优秀工程勘察、设计等奖项，在职称评定时等同于同级别的科研及技术

发明成果奖。（引用《关于印发加强油气田设计单位管理工作指导意见的通知》油勘〔2009〕57号）。

第二节　优质工程奖评选

　　油气田公司优质工程奖一般每年评选一次，设一、二、三等（或金、银、铜）奖。

一、评选范围及条件

　　（一）评选范围

　　（1）参评工程应是列入国家、集团公司、勘探与生产公司、油气田公司投资计划并具有独立生产能力和使用功能的新建、改建和扩建工程，主要有石油天然气工程、化工石化医药工程、市政公用工程、建筑工程、公路工程、电力工程、电子通信广电工程和其他行业工程，共八类。

　　（2）申报一等奖的工程，应具备油气田公司级以上优秀工程设计奖（或同级别评审机构出具的证明文件)，一般应是中型以上工程；申报二、三等奖的工程，应具备勘察设计单位评出的优秀工程设计二等奖以上。

　　（3）工程规模按建设部《工程设计资质分级标准》（建设〔2001〕22号）执行。

　　（二）评选条件

　　（1）参与石油优质工程奖评选的项目，必须按照国家相关法律、法规规定，选择勘察设计、施工、监理单位。

　　（2）参与石油优质工程奖评选的项目，建设单位或施工单位制定创优计划并报油气田公司基建主管部门备案。原则上，没有备案的不予评优。

　　（3）按照国家标准或行业标准进行工程质量检验评定。申报的单位应无违法、违规行为，工程实体无违反国家强制性标准条文内容，无工程质量隐患。

　　（4）履行基本建设程序，没有发生A级及以上安全生产事故且未被处以责令停工处理的。

（5）执行《企业会计制度》，规范会计核算，没有发生违反财经纪律的事件；工程竣工决算不超过批准概算，有工程经济效益报告或投资效益报告。

（6）参评公司优质工程，工业建筑安装项目观感必须满足相关规范要求，并经工程现场复查。

（7）申报资料应符合要求，包括各项批复文件应齐全，通过竣工验收并投入使用一年以上四年以内。

（8）参评公司优质工程，必须是经勘探与生产公司或油田公司组织竣工验收合格的工程项目。

二、申报程序

（一）申报主体

参评工程一般由工程建设单位组织申报，油气田公司优质工程奖，一般在油气田公司所属单位推荐的优质工程中评选。

（二）上报材料审核

参评工程申报单位在申报材料上签署意见、加盖公章并以正式文件推荐。

三、评选组织与程序

（一）成立评审委员会

成立油气田公司优质工程奖评审委员会（以下简称"评委会"），负责管理优质工程奖评选。根据参评工程类别，评委会下设专业评审组。评委会办公室设在公司主管部门。

（二）评委会人员组成

评委会由油气田公司机关有关处室、单位的专家组成，成员一般 9 ～ 11 人（主任委员 1 人、副主任委员 2 人、委员若干人），负责公司优质工程奖的评审和推荐集团公司评优项目。专业评审组成员由工程设计、施工、经济、管理及 HSE 等专业的专家组成，负责初审工作。

（三）评选程序

1. 办公室审查核实上报材料

评委会办公室审查核实申报工程条件，对符合申报条件的，交专业评审组现场复查。

2. 专业评审组初审

（1）审阅工程申报材料，每个工程指定 2 名主审人，组织工程现场复查，查阅工程相关资料，听取申报单位汇报及使用、勘察设计和监理单位的意见，出具专业评审组复查报告。

（2）组织专家评议，采用无记名投票方式推荐参评工程奖励等级和排序。

3. 评委会评审

（1）听取专业评审组初评汇报，对推荐工程进行审议。

（2）采用无记名投票方式，产生获奖工程及等级。

4. 获奖项目发布

获奖工程在油气田公司网站上公示，至截止日无异议的，报油气田公司批准并正式发布。参与省部级优质工程评奖的项目，必须经过油气田公司推荐到勘探与生产公司，由勘探与生产公司推荐参评石油协会或省部级的优质工程项目评奖。

四、表彰与奖励

（一）大型工程、中小型工程主要贡献者人数规定

大型工程主要贡献者表彰总人数不超过 15 人；中小型工程主要贡献者表彰总人数不超过 10 人。

（二）奖项的作用

优质工程项目成果等同于科技成果管理，并将国家级、省部级或集团公司级、油气田公司级评选出的优质工程与科技成果同等对待，表彰有贡献人员，引用《关于印发中国石油油气田基本建设管理工作指导意见的通知》（油勘〔2009〕77 号）。

附　　录

附录 1　建设单位应收集的资料目录

序号	工作阶段	工作环节	子环节	资料名称
1	开发前期	—		中长期业务发展规划
2				开发评价部署方案
3				油藏评价部署方案或总体油藏评价部署方案
4	项目前期	项目（预）可行性研究		可行性研究报告
5				项目基础资料
6		项目专项评价及报批		地震专项评价
7				地质灾害专项评价
8				水土保持专项评价
9				土地复垦专项评价
10				矿山地质环境保护与治理恢复专项评价
11				矿产压覆专项评价
12				环境影响专项评价
13				安全专项评价
14				职业病危害专项评价
15				节能专项评价
16				文物调查专项评价
17				防洪专项评价
18				社会稳定风险评估
19				初步勘察报告
20		项目审批、核准或备案		项目审批、核准或备案文件
21		项目管理机构组建及管理模式选择		业主项目部成立文件
22				建设单位工程项目负责人及现场管理人员名册
23				工程概况信息表
24				项目管理模式选择方案
25				项目规章制度
26				有效文件清单
27				项目管理手册
28				总体部署

序号	工作阶段	工作环节	子环节	资料名称
29	项目前期	项目管理机构组建及管理模式选择		一级进度计划
30				年度审计计划
31				后评价工作规划和年度计划
32				文件收发台账
33				项目风险清单
34				项目风险评价报告
35				工程保险及变更通知
36				其他文件
37	实施过程	招标与合同		招标方案、招标结果和可不招标事项的报批或备案手续
38				委托专业机构组织招标的合同或协议
39				招标过程应当公开的信息
40				招标文件
41				投标文件
42				工程服务合同
43				HSE 合同
44				物资采购合同
45				试运投产合同
46				合同台账
47				二级进度计划
48				单项工程划分表
49				关于资料管理的合同条款
50				合同交底记录
51		勘察		选址勘察报告
52				初步勘察报告
53				详细勘察报告
54		设计	基础设计	基础设计文件
55				建设项目职业病防护设施设计审查的申请
56			详细设计	详细设计文件
57				设计交底记录
58				图纸接收发放台账
59				设计通知单接收发放台账
60				设计变更单接收发放台账
61			投资计划	投资建议计划
62				项目投资计划
63	实施过程	物资采购		物资采购计划
64				特殊物资的采购审批手续
65				监造记录
66				技术协议

序号	工作阶段	工作环节	子环节	资料名称
67			进场初期	总监理工程师任命书
68				监理单位工程项目总监及监理人员名册
69				监理规划
70				监理实施细则
71		工程监理	实施过程	开工令
72				停工令
73				监理通知单及回复
74				监理工作联系单
75				工程变更申请
76				人员变更申请
77				监理工作报告
78				停（必）监点报验情况管理台账
79				事故隐患报告单
80				监理会议纪要
81				监理工作总结
82	实施过程		建设单位对监理的管理	建设单位项目工作月报
83				建设单位项目工作总结
84				建设单位会议纪要
85		工程施工	施工应提交的资料	图纸会审纪要
86				图纸会审记录
87				施工组织设计及专项方案
88				承包商互相签订的安全生产（HSE）合同
89				总承包商与分包单位签订的安全生产（HSE）合同（建设单位备案）及分包单位安全资质
90				施工单位工程项目经理及主要管理人员名册
91				人员变更申请
92				承包商编制的安全教育培训计划
93				各承包商编制的应急预案
94				现场承包商人员的职业健康证明和安全生产责任险
95				分包商短名单
96				经济签证
97				三级进度计划
98				项目进度报告
99				作业许可证
100				上锁挂牌计划表

序号	工作阶段	工作环节	子环节	资料名称
101				对现场承包商的入厂（场）安全教育记录，入场许可证
102				单位工程划分表
103				工程质量监督注册申请书
104				开工前 HSE 审查工作记录
105				开工报告
106				对承包商关键岗位人员的考核记录
107				建设单位开工前工作交底记录
108			建设单位应编制的资料	生产安全综合应急预案、专项应急预案、现场处置预案（方案）和处置卡
109				建设单位应急演练记录
110				应急准备评估
111				应急处置与救援工作过程总结报告
112	实施过程	工程施工		建设单位对承包商主要项目管理人员专项安全培训记录
113				变更审批程序
114				应急处置卡发放计划表
115				其他申请批准手续
116				HSE 施工保护费拨款记录和使用记录
117				声像资料
118			应收集的质量监督资料	工程质量监督注册证书
119				工程质量监督计划书
120				质量问题处理通知书
121			应收集的其他单位资料	施工现场及毗邻区域的地下管线资料、气象和水文观测资料、相邻建筑物和构筑物、地下工程的有关资
122				供水、供电、通信、消防、土地、医疗等政府部门和企业通讯录
123				工程变更通知单
124				用地许可证
125		试运行投产		单机试运行记录
126				中间交接记录
127				交工验收记录
128				压力容器取证手续
129				试运行投产方案
130				生产人员培训记录

序号	工作阶段	工作环节	子环节	资料名称
131	实施过程	试运行投产		专项应急预案
132				应急演练记录
133				环境保护试生产申请
134				专项验收手续
135				职业病危害控制效果评价
136				各种协议
137				向生产单位移交的资料图纸记录
138				生产考核记录
139		竣工验收		专项验收手续
140				质量监督报告
141				工程竣工结算书
142				项目竣工决算报告
143				项目竣工决算审计报告
144				初步验收意见
145				单项工作总结
146				竣工验收报告
147				竣工验收鉴定书
148				质量保修书
149				建设项目档案验收申请表
150				项目档案自检报告
151				工程档案
152	项目结束	善后工作		土地使用权证或土地登记手续
153				职业病危害项目申报
154				其他备案手续
155				待转资产清册
156				项目后评价报告
157				中国石油天然气集团公司优质工程项目申报表
158				承包商安全绩效的总体评估结果
159				设计回访问题反馈
160				施工保修和回访记录

附录2 项目竣工验收申请书内容提要及样式

中国石油天然气股份有限公司
油气田地面建设项目竣工验收申请书

勘探与生产公司：

××项目已完成初步验收，具备竣工验收条件，申请项目竣工验收。

一、工程完成情况

××工程由××油田分（子）公司××项目部于××年××月××日开工建设，××年××月××日全面竣工，历时××天，按照批准的设计文件内容全部建成，主要工程量包括：

××××××××××××××××××××××××××××××××××
××××××××××××××××××××××××××××××××××
××××××××××××××××××××××××××××××××××
××××××××××××××××××××××××××××××××××

二、初步验收情况

依据国家和股份公司有关规定和要求，我公司成立了验收小组于××年××月××日至××日对该项目进行了初步验收，签署了初步验收鉴定书，初步验收合格，于××月××日完成了初步验收发现问题的整改工作。已具备竣工验收条件。

三、建议竣工验收时间、地点和参加单位

根据工程完成、初步验收情况和国家、股份公司的相关要求，××工程竣工验收工作建议拟定于××年××月××日进行，验收地点在××，参加单位有建设单位相关部门、生产单位、业主项目部以及勘察、设计、施工、监理和检测等参建单位。

综上所述，××工程已具备竣工验收条件，恳请上级主管部门安排正式验收。

××油田分（子）公司（盖章）

××年××月××日

附录3　优秀工程勘察设计评选资料

目　　录

关于申报材料的编制要求

一、申报油田公司优秀工程勘察设计的项目，应报送的有关材料

（1）申报项目排序表一份。

（2）申报表一份。

（3）项目主要贡献人员情况表一份。

（4）项目"主要有关图纸"，例如工艺装置的装置平面图、工艺流程图。建筑的平、立、剖效果图一份。

（5）附件材料一份。

1. 勘察附件材料

（1）申报理由。

（2）工程勘察报告书一份。

（3）建设、设计、施工、使用单位评价意见。

（4）介绍申报项目和新技术的 VCD 或 POWERPOINT 汇报材料（限 10 分钟以内）。

2. 设计附件材料

（1）申报理由。

（2）工程设计报告书一份。

（3）使用新技术设计的专业、新技术的名称及来源。

（4）建设、施工、使用单位及财务部门评价意见。

（5）工程竣工验收鉴定书一份。

（6）工程质量监督报告书一份。

（7）工程竣工后实物照片一份。

（8）介绍申报项目和新技术的 VCD 或 POWERPOINT 汇报材料（限 10 分钟以内）。

3. 标准设计附件材料

（1）申报理由。

（2）工程设计报告书一份。

（3）使用标准设计、新技术设计的专业、名称及来源。

（4）建设、施工、使用单位及财务部门评价意见。

（5）工程竣工验收鉴定书一份。

（6）工程质量监督报告书一份。

（7）工程竣工后实物照片一份。

（8）介绍申报项目和标准技术的 VCD 或 POWERPOINT 汇报材料（限 10 分钟以内）。

4. 计算机软件附件材料

（1）申报理由。

（2）成果报告书一份。

（3）使用单位评价意见。

（4）介绍申报项目和新技术的 VCD 或 POWERPOINT 汇报材料（限 10 分钟以内）。

二、申报材料的编制要求

（1）申报材料应齐全，文字材料数据准确，表格填写完整，内容重点突出先进性、科学性、合理性、经济性，层次分明，语言流畅，字迹工整。

（2）图纸及各项资料装订整齐，封面注明设计图纸及资料名称，各项资料用 A4 纸左侧装订。

（3）项目主要贡献人员一般为主专业的主要勘察、设计、咨询、规划人员以及相关专业有突出贡献的人员。

三、申报集团公司及国家级奖项的材料准备和编制

（1）按集团公司及国家有关部门的申报要求编制申报材料。

（2）申报项目所在单位应明确项目负责人在准备、编制申报材料时应对其进度和质量负责。

（3）评委会办公室对申报材料进行审查后上报。

优秀工程勘察设计申报项目排序表

类别	排名	项目名称	推荐等级
勘察			
设计			
标准设计			
计算机软件			
			公章 年 月 日

××油气田公司
优秀工程勘察设计奖申报表

申报单位＿＿＿＿＿＿＿＿＿＿＿＿＿＿（公章）

填报日期＿＿＿＿＿＿＿年＿＿月＿＿日

项目名称			
设计起止时间		投产时间	
验收部门		验收时间	
建设规模		建筑面积	
设计概（预）算		竣工决算	
主要设计单位		协作单位	
联系人		电话及传真	

主要内容（工程简介、设计特点、采用"四新"情况、经济和社会效益分析）：

附件目录	
曾获奖励级别	
申报单位意见	公　章 年　月　日
评委会 评审意见	主任委员： 年　月　日

项目主要贡献人员情况

序号	姓 名	性别	年龄	职务、职称	单位名称	参加本项目的起止日期	在本项目中担任的主要工作内容

注：限10人。

_____年度
×× 油气田公司优秀工程勘察设计奖评选表决表

序号	项 目 名 称	是	否
1			
2			
3			
4			
5			
6			
7			
8			
9			
10			
11			
12			
13			
14			
15			
16			

注：（第一轮）投票表决是否评选为公司级优秀勘察设计奖。

_____年度
××油气田公司优秀工程勘察设计奖评选表决表

序号	项 目 名 称	一等奖	二等奖	三等奖
1				
2				
3				
4				
5				
6				
7				
8				
9				
10				
11				
12				
13				
14				
15				
16				

注：（第二轮）投票表决获奖等级。

附录4　优质工程评选资料

目　　录

优质工程申报表
优质工程申报资料目录
优质工程奖评选表决表

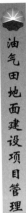

××油气田公司优质工程

申　报　表

工　程　名　称　_____

申报单位（章）　_____

申　报　日　期　_____

填表说明

（1）工程名称要写全称。

（2）封面的"工程名称"、表二的"工程名称"，必须与立项批文的"工程名称"一致。如有更改，要有立项批准单位的正式手续。

（3）续表一"单位名称及完成建安工作量的百分比"应填写单位全称，并应是完成工程量不少于该项目建筑安装工作量总和的15%以上的承建单位。

（4）表二"建设性质"，填写新建、扩建或改建；"工程类别"按油田公司优质工程评选范围中罗列的工程分类名称填写；"优秀设计级别"填写油田公司级或公司（厂、处）级；"工程规模"按大、中、小型填写；"申报级别"填写油田公司级一、二、三等奖；"设计主要技术经济指标"填写本行业有代表性的可比性技术经济指标。

（5）表三"申报理由"，根据油田公司优质工程评选范围和评选条件，对申报工程予以说明。

（6）表六"施工工期"是指合同工期（或指定计划工期）和实际开工至竣工的施工时间。"经济效益情况"是指施工企业在申报项目中，合理组织施工、缩短工期、节省劳力、节约材料、降低成本和保证质量等方面取得的综合效果。"存在质量问题简要说明"，填写施工中存在的不符合技术规范、质量标准和设计要求的质量问题，并需说明处理情况及结论。

（7）表七"单位工程质量验收评定情况"，如申报工程是一个单位工程，按各分部工程质量结论填写，如申报工程含多个单位工程，则需填写每个单位工程及其包含的各分部工程质量结论（可增加插页）。单位和分部工程名称，按国家或专业部门现行工程质量检验评定标准的名称填写。

（8）表八"工程质量监督机构意见"，填写工程验收时的质量评价，由对该工程实施质量监督的工程质量监督机构提出具体评价意见；"使用单位意见"应含有工程质量水平及经济和社会效益等方面的内容。

企业简况

单 位 名 称 （全称）	通讯地址及 邮政编码	联系人及 电话、传真	单位公章
建设 单位			（公 章）
勘察 设计 单位			（公 章）
监理 单位			（公 章）
施工 单位			（公 章）

	单位名称及完成建安工作量的百分比	通讯地址及邮政编码	联系人及电话、传真	单位公章
参建单位				（公　章）
参建单位				（公　章）
参建单位				（公　章）
参建单位				（公　章）

表二

申报工程概况

工程名称				
建设地点		建设性质		
开工时间		竣工时间		
竣工验收时间		验收单位		
工程类别		观感得分		
设计概算（或修正概算）		竣工决算		
优秀设计评定时间		优秀设计级别		
工程规模		申报级别		
设计主要技术经济指标				
设计规模及主要工程量				

		验收评定的单位工程	合格品	优良品
工程质量情况	数量	个数，个		
		面积，平方米		
	百分比	按个数，%		
		按面积，%		

表三

申　报　理　由

表四

工 程 概 况 及 说 明

表五

勘察、设计中采用了哪些新技术、新工艺、新设备、新材料和保证质量的措施	
施工中采用了哪些新技术、新工艺和保证质量的措施	

油气田地面建设项目管理手册

表六

项目监理中的主要质量控制和保证措施	
施工工期（实现合同或计划工期情况）	
经济效益情况（施工企业的综合经济效果）	
存在质量问题简要说明	

表七

单位工程质量验收评定情况

序号	单位工程名称	工程量	工程质量		评定结果
			合格品率 %	优良品率 %	

工 程 质 量 监 督 机 构 意 见：

公　章

年　　月　　日

使 用 单 位 意 见：

公　章

年　　月　　日

表九

申 报 单 位 意 见：

公 章

年 月 日

xx油气田公司优质工程奖评审委员会审定意见：

公 章

年 月 日

表十

在本项目中做出贡献的主要人员情况表

序号	姓名	性别	年龄	职务职称	工作单位	在本项目中承担主要工作内容	备注

限 15 人

××油气田公司优质工程申报资料目录

一、工程项目前期资料（复印件）

1. 项目立项批复文件

2. 项目年度固定资产投资及费用调整计划

3. 建设用地批准及规划许可文件

4. 工程施工、监理合同（含施工分包合同）

5. 工程质量监督计划书

6. 施工许可证或按国务院规定实行开工报告审批制度的工程批准文件

二、优秀工程设计证书复印件

三、工程竣工验收资料（复印件）

1. 工程质量证明书

2. 竣工结算资料

3. 工程竣工验收证书或工程竣工验收鉴定书

四、汇报材料

1. 工程概况和施工质量情况汇报（4000字左右）

2. 单位工程质量综合评定表

3. 工程创优计划书（创优组织机构、措施等），创优申报表

4. 反映工程概况，各主要部分工程质量及工程中新产品、新材料、新工艺、新技术运用的录像材料（VCD或POWERPOINT汇报10分钟左右，包括工程全貌和主体工程的重要部位）、彩色照片（20幅）、相关文字材料、证明文件

5. 经济效益报告或投资效益报告

6. ××油田公司优质工程申报表

_____ 年度

××油气田公司优质工程奖评选表决表

序号	项 目 名 称	是	否
1			
2			
3			
4			
5			
6			
7			
8			
9			
10			
11			
12			
13			
14			
15			
16			

注：（第一轮）投票表决是否评选为公司级优质工程奖。

_____ 年度
××油气田公司优质工程奖评选表决表

序号	项 目 名 称	一等奖	二等奖	三等奖
1				
2				
3				
4				
5				
6				
7				
8				
9				
10				
11				
12				
13				
14				
15				
16				

注：（第二轮）投票表决获奖等级。

参 考 文 献

[1]中国建筑业协会工程项目管理委员会．中国工程项目管理知识体系．北京：中国建筑工业出版社，2011.

[2]丛培经．工程项目管理．北京：中国建筑工业出版社，2003.

[3]工程项目管理方法与实践丛书委员会．工程项目采购管理．北京：中国建筑工业出版社，2014.

[4]全国招标师职业水平考试辅导教材指导委员会．招标采购专业实务．北京：中国计划出版社，2014.

[5]全国注册咨询工程师（投资）资格考试参考教材编写委员会．工程项目组织与管理．北京：中国计划出版社，2012.

[6]焦媛媛．项目采购管理．天津：南开大学出版社，2006.

[7]全国一级建造师职业资格考试用书编写委员会．建设工程项目管理．北京：中国建筑工业出版社，2015.

[8]《管道工程建设项目风险管理》编委会．管道工程建设项目风险管理．北京：石油工业出版社，2012.

[9]《资料员一本通》编委会．资料员一本通．北京：中国建材工业出版社，2011.

[10]穆剑．陆上油气田勘探开发安全环保程序管理．北京：石油工业出版社，2014.

[11]李万余．管道工程建设项目管理．北京：石油工业出版社，2011.

[12]《油气田地面建设标准化设计技术与管理》编委会．油气田地面建设标准化设计技术与管理．北京：石油工业出版社，2016.

[13]《天然气地面工程技术与管理》编委会．天然气地面工程技术与管理．北京：石油工业出版社，2011.

[14]汤林，胡玉涛，李化钊，等．油气田地面建设工程（项目）资料管理．北京：石油工业出版社，2015.